◆ 中国出版集团重点图书项目 ◆

中国秦岭经济植物图鉴

Illustrated Handbook of Economic Plants in Qinling Mountains, China

下册

主　编　刘文哲（西北大学生命科学学院）

编　者　赵　鹏（西北大学生命科学学院）

刘培亮（西北大学生命科学学院）

周亚福（陕西省西安植物园）

仝盼盼（西北大学生命科学学院）

张爱新（西安独叶草生物科技有限公司）

毛少利（陕西省西安植物园）

世界图书出版公司

西安　北京　上海　广州

Abelia engleriana (Graebn.) Rehd.
短枝六道木、神仙菜、鸡骨头
忍冬科 Caprifoliaceae 六道木属植物

蓮梗花

【形态特征】落叶灌木，高1—2m；幼枝红褐色，被短柔毛，老枝树皮条裂脱落。叶圆卵形、狭卵圆形、菱形、狭矩圆形至披针形，顶端渐尖或长渐尖，基部楔形或钝形，边缘具稀疏锯齿，有时近全缘而具纤毛。花生于侧生短枝顶端叶腋，由未伸长的带叶花枝构成聚伞花序状；萼筒细长，萼檐2裂，裂片椭圆形，与萼筒等长；花冠红色，狭钟形，5裂，稍呈二唇形，上唇3裂，下唇2裂，筒基部两侧不等，具浅囊；雄蕊4枚，着生于花冠筒中部，花药长柱形，花丝白色；花柱与雄蕊等长，柱头头状，稍伸出花冠喉部。果实长圆柱形，冠以2枚宿存萼裂片。花期5—6月，果熟期8—9月。

【分布与生境】秦岭南北坡均有分布，生于海拔800—1800m的山坡林下或灌丛中。

【利用部位与用途】蓮梗花叶含10%淀粉和1%—5%的鞣质，叶子淀粉可制成凉粉供食用，称神仙粉。

【采收与加工】7—8月间采摘叶子，晒干。每千克叶子加水10碗（冷水与开水各半），将叶子揉烂使液汁溶解于水中，再用布包好过滤，除去碎叶，将滤液放锅加热，慢慢凝结成块，成带棕红色的凉粉，味稍苦，可食。

【资源开发与保护】蓮梗花果实入药，具有祛风湿、解热毒之功效，常用于风湿筋骨疼痛，外用治痈疮红肿。

纤维植物

纤维在植物体内是由一类特殊形态的细胞组成的，这类细胞的细胞壁厚，细胞腔狭长，两端封闭呈长纺锤形。成熟的纤维为死细胞，长度从几十微米到几千微米，大多数双子叶植物的纤维长度为 900—1499μm。纤维广泛存在于高等植物中，一般木本植物的纤维含量占植物总体的 40%—50%；禾本科植物的茎秆中纤维的含量在 35%，有些种类植物纤维的含量高达 50% 以上。纤维在植物体内起支撑植物体的作用，使枝、叶、花和果实伸向空间，有利于接受阳光，进行光合作用，有利于传粉和果实的传播。纤维还可能保护植物体内幼嫩组织，使其免受机械伤害。

纤维植物是指植物体某一部分的纤维细胞特别发达，能够产生植物纤维，并作为主要用途而被利用的植物，它广泛地用作编织、造纸、纺织等方面的原材料。根据纤维植物的性质大致可分为两大类，即木本纤维植物和草本纤维植物。纤维在植物体不同部位的含量不同，很多植物茎皮部位含量高，称韧皮纤维，如很多麻类植物；有的主要存在于叶部，称叶纤维，如禾本科植物；有的存在于果壳中，如椰子壳纤维；长于种皮部的种子纤维，如棉花和木棉；木材纤维主要是组成树木茎干的木质纤维；还有些植物根部纤维发达，如马蔺等的根纤维。

广义的纤维，除纤维细胞，还包括裸子植物木材中的管胞，多数双子叶植物体内的导管和管胞，以及单子叶植物茎、叶鞘与纤维连在一处的维管组织等。

纤维和纤维植物可供直接利用，编织绳索、草帽、鞋、蓑衣、麻袋、席、筐、箩，作填充物等。植物茎秆和木材，可用于建筑房屋、架桥，制造舟、车和家具；纤维也是编织和造纸的重要原料。同时它还是重要的能源，煤炭就是古代植物被埋藏地下，经过长期高温、高压，炭化后形成的。

蕨

【形态特征】多年生草本，植株高达 1m。根茎长而横走，密被锈黄色柔毛。叶疏生；叶柄长 20—80cm，褐棕或棕禾杆色，光滑，上面具浅纵沟；叶片宽三角形或长圆状三角形，长 30—60，渐尖头，基部圆楔形，三回羽状；羽片 4—6 对，对生或近对生，斜展，基部 1 对三角形，二回羽状；小羽片约 10 对，互生，斜展，披针形，尾状渐尖头，基部近平截，具短柄，一回羽状；裂片 10—15 对，平展，接近，宽披针形或长圆形，钝头或近圆，基部不与小羽轴合生，分离，全缘；第二对羽片向上渐变窄小的长圆状披针形，一回羽状；叶脉羽状，侧脉分叉，下面明显，具边脉；叶干后纸质或近革质，上面光滑，下面沿脉多少被疏毛，叶轴与羽轴光滑，仅小羽轴下面多少被毛，各回羽轴上面均具纵沟，无毛。

【分布与生境】秦岭南北坡广泛分布，是最常见的蕨类植物之一。生于海拔 600—1800m 山地阳坡及森林边缘阳光充足的地方。

【利用部位与用途】根状茎含纤维 30%，可做绳索、纸浆板及人造纤维楹，能耐水湿。

【采收与加工】10 月至次年 2 月挖取根状茎，洗净捶捣，提取淀粉后，即可取出蕨渣。将蕨渣晒干，打成包供工厂造纸。

【资源开发与保护】蕨根状茎提取的淀粉称蕨粉，供食用。嫩叶可食，称蕨菜；全株入药，驱风湿、利尿、解热，又可作驱虫剂。

马蔺

Iris lactea Pall. var. *chinensis* (Fisch.) Koidz.
兰花草、马莲
鸢尾科 Iridaceae 鸢尾属植物

【形态特征】多年生密丛草本。根状茎粗壮，木质，斜伸，外包有大量致密的红紫色折断的老叶残留叶鞘及毛发状的纤维。叶基生，灰绿色，条形或狭剑形，顶端渐尖，无明显的中脉。苞片3—5枚，草质，绿色，边缘白色，披针形，内包含有2—4朵花，花为浅蓝色或蓝紫色，花被上有较深色的条纹。外花被裂片倒披针形，顶端钝或急尖，爪部楔形，内花被裂片狭倒披针形；花药黄色，花丝白色；子房纺锤形。蒴果长椭圆状柱形，有6条明显的肋，顶端有短喙；种子为不规则的多面体，棕褐色。花期5—6月，果期6—9月。

【分布与生境】秦岭南北坡有分布，常生长于路旁、沙质地、草原及草甸滩地。

【利用部位与用途】茎叶纤维含量50%，根含纤维素30%、木质素35%。茎叶可搓绳索，制人造棉及造纸，根细而韧，可制刷子。

【采收与加工】8—9月间采收种子同时，采收其茎叶。用镰刀割取茎叶，留根待次年再发芽。可用碱煮法制人造棉。

【资源开发与保护】马蔺习性耐盐碱、耐践踏，根系发达，可用于水土保持和改良盐碱土；叶在冬季可作牛、羊、骆驼的饲料；花和种子均可入药，马蔺种子中含有马蔺子甲素，可作口服避孕药。

射干

【形态特征】多年生草本。根状茎横走，略呈结节状，外皮鲜黄色。叶 2 列，嵌迭状排列，宽剑形，扁平。茎直立，伞房花序顶生，排成二歧状；苞片膜质，卵圆形。花橘黄色，花被片 6，基部合生成短筒，外轮的长倒卵形或椭圆形，开展，散生暗红色斑点，内轮的与外轮的相似而稍小；雄蕊 3，着生于花被基部；花柱棒状，顶端 3 浅裂。蒴果倒卵圆形；种子多数，近球形，黑色，有光泽。花期 7—8 月，果期 7—9 月。

【分布与生境】秦岭南北坡有分布，常生于山坡草地、田埂、沟岸及谷底滩地。

【利用部位与用途】茎叶含纤维，可做造纸原料、人造纤维板，或用于编制绳索。

【采收与加工】可在夏季割取茎叶，也可在采挖块茎时，连同茎叶一同采收。

【资源开发与保护】射干的根状茎药用，味苦、性寒、微毒。能清热解毒、散结消炎、消肿止痛、止咳化痰，用于治疗扁桃腺炎及腰痛等症。

棕榈

Trachycarpus fortune (Hook.) H. Wendl.
棕树
棕榈科 Palmae 棕榈属植物

【形态特征】乔木，高达 15m；茎有残存不易脱落的老叶柄基部。叶掌状深裂，直径 50—70cm；裂片多数，条形，坚硬，顶端浅 2 裂，钝头，有多数纤细的纵脉纹；叶柄细长，顶端有小戟突；叶鞘纤维质，网状，暗棕色，宿存。肉穗花序排成圆锥花序式，腋生，总苞多数，革质，被锈色绒毛；花小，黄白色，雌雄异株。核果肾状球形，蓝黑色。花期 4 月，果期 11—12 月。

【分布与生境】野生于秦岭南坡浅山区。长江以南广泛栽培，西安市有栽培。

【利用部位与用途】叶鞘纤维（棕片）可做绳索，编蓑衣、棕绷、地毡，制刷子或作为沙发的填充料等；嫩叶经漂白可制扇和草帽；棕片加工成棕丝后是我国主要的出口物资之一。

【采收与加工】每年可在夏初和夏末各采割棕皮 1 次，每次可剥棕皮 4—6 片。棕皮可先疏扯出棕丝，按长短理顺成小捆，再加工各种绳索及用具；棕边又名棕夹板，可先压扁，用浸水脱胶法可得丝条状纤维，亦可供绳索用；棕叶可扎制扫帚，并可利用作包装捆扎用，用石灰蒸煮法可得代麻用纤维。

【资源开发与保护】棕榈未开放的花苞又称“棕鱼”，可供食用；棕皮及叶柄（棕板）煅炭入药有止血作用，果实、叶、花、根等亦入药；此外，棕榈树形优美，也是庭园绿化的优良树种。

香蒲

【形态特征】多年生水生或沼生草本。根状茎乳白色。地上茎粗壮。叶片条形，上部扁平，下部腹面微凹，背面逐渐隆起呈凸形，横切面呈半圆形，细胞间隙大，海绵状；叶鞘抱茎。雌雄花序紧密连接；雄花通常由3枚雄蕊组成，花药2室，条形，花粉粒单体，花丝很短，基部合生成短柄；雌花无小苞片；孕性雌花柱头匙形，外弯，子房纺锤形至披针形，子房柄细弱；不孕雌花子房长近于圆锥形，先端呈圆形，不发育柱头宿存；白色丝状毛通常单生，有时几枚基部合生，稍长于花柱，短于柱头。小坚果椭圆形至长椭圆形；果皮具长形褐色斑点。种子褐色。花期5—6月，果期8—9月。

【分布与生境】秦岭南北坡均有分布，常生于山麓地带或平原河谷地区的渠边或河旁浅水处、沼泽及河流缓流带。

【利用部位与用途】叶片含纤维素56%，韧性佳，是造纸的好原料。脱胶后的纤维可编织麻袋、搓绳，还可编蒲包、蒲扇、蒲席等。

【采收与加工】7—8月间采收叶片，用长杆镰刀割取叶，晒干后，将叶鞘、叶片切开，分别打捆，上垛备用；秋季摘取雌花序轴，抽去穗轴，即成蒲棒绒，晒干后，即可供用。

【资源开发与保护】香蒲经济价值较高，花粉即蒲黄入药；幼叶基部和根状茎先端可作蔬食；雌花序可作枕芯和坐垫的填充物，是重要的水生经济植物之一。

水烛

Typha angustifolia Linn.
水烛香蒲、蒲草、水蜡烛、狭叶香蒲
香蒲科 Typhaceae 香蒲属植物

【形态特征】多年水生草本。高可达 3m。根状茎乳黄色、灰黄色，先端白色。地上茎直立出水面，粗壮。叶线状，宽 4—10mm。穗状花序顶生，深褐色，雌雄花密集着生呈椭圆柱状。雄花着生于花序上部；叶状苞片 1—3 枚，花后脱落；雌花着生在序的下部，基部具 1 枚叶状苞片，通常比叶片宽，花后脱落。雌雄花之间在花序轴有 2—3cm 长不生花的间隔，此为有别于香蒲和宽叶香蒲的主要特征。花期 6—7 月，果期 8—9 月。

【分布与生境】秦岭南北坡低山及平原地区有分布。生于湖泊、河流、池塘浅水处，水深稀达 1m 或更深，沼泽、沟渠亦常见，当水体干枯时可生于湿地及地表龟裂环境中。

【利用部位与用途】叶片含纤维素 56%，韧性佳，是造纸的好原料。脱胶后的纤维可编织麻袋、搓绳，还可编蒲包、蒲扇、蒲席等。

【采收与加工】7—8 月间采收叶片，用长杆镰刀割取叶，晒干后，将叶鞘、叶片切开，分别打捆，上垛备用；秋季摘取雌花序轴，抽去穗轴，即成蒲棒绒，晒干后，即可供用。

【资源开发与保护】本种分布较广，植株高大，叶片较长，雌花序粗大，经济价值较高。

小花灯心草

Juncus articulatus L.

灯心草科 Juncaceae 灯心草属植物

【形态特征】多年生草本，高 15—40 厘米；根状茎粗壮横走。茎密丛生，直立，圆柱形，绿色，表面有纵条纹。叶基生和茎生，黄褐色；基生叶 1—2 枚；叶鞘基部红褐色至褐色；茎生叶 1—2 枚；叶片扁圆筒形，具有明显的横隔，绿色；叶耳明显，较窄。花序由 5—30 个头状花序组成，排列成顶生复聚伞花序；头状花序半球形至近圆球形，有花 5—10 朵；叶状总苞片 1 枚；雄蕊 6 枚；花柱极短，圆柱形；柱头 3 分叉。蒴果三棱状长卵形。种子卵圆形，表面具纵条纹及细横纹。花期 6—7 月，果期 8—9 月。

【分布与生境】秦岭南北坡均有分布，生于低山区的河岸、水田旁潮湿处。

【利用部位与用途】茎皮纤维可作编织和造纸原料。小花灯心草纤维素含量 50%，出麻率 30%，纤维细长，可造纸，是人造棉的良好混纺原料。亦可织草帽、凉席、坐垫、绳索等。

【采收与加工】9—10 月采收，晒干成捆，贮藏备用。

【资源开发与保护】小花灯心草野生资源丰富，可进一步开发利用。

大披针薹草

Carex lanceolata Boott
凸脉苔草、披针苔草
莎草科 Cyperaceae 薹草属植物

【形态特征】多年生草本。根状茎粗短，斜生。秆高 10—30cm，纤细，扁三棱状。叶宽 1—2.5mm，花后延伸。小穗 3—6，疏远；雄小穗顶生，矩圆形；雌小穗侧生，矩圆形，花疏生；穗轴曲折；苞鞘淡绿色，边缘膜质，苞片针状；雌花鳞片披针形或倒卵状披针形，顶端锐尖，中间淡绿色，两侧紫褐色，具宽的白色膜质边缘。果囊倒卵状椭圆形，有三棱，密被短柔毛，脉明显隆起，顶端具极短的喙，喙口近截形。小坚果倒卵状椭圆形，有三棱，棱面凹，顶端具喙；花柱短，柱头 3。花期 4—5 月，果期 6 月。

【分布与生境】秦岭南北坡均有分布，较常见；生于海拔 800—1600m 间的路边、荒草坡或侧柏和华山松等林下。

【利用部位与用途】叶含纤维较多，可作造纸原料。嫩叶可作饲料。

【采收与加工】7—9 月割叶，晒干打捆备用。

【资源开发与保护】大披针薹草野生资源丰富。杆叶晒干后也可供水果装箱笼等的填充物。

香附子

【形态特征】多年生草本。有匍匐根状茎和椭圆状块茎。秆直立，散生，高 15—95cm，有三锐棱。叶基生，短于秆，宽 2—5mm；鞘棕色，常裂成纤维状。苞片 2—3，叶状，长于花序；长侧枝聚伞花序简单或复出，有 3—6 个开展的辐射枝；小穗条形，3—10 个排成伞形花序；小穗轴有白色透明的翅；鳞片紧密，2 列，膜质，卵形或矩圆卵形，中间绿色，两侧紫红色；雄蕊 3；柱头 3。小坚果矩圆倒卵形，有三棱，长约为鳞片的 1/3，表面具细点。花期 6—9 月，果期 8—11 月。

【分布与生境】秦岭南北坡均有分布，较普遍；生于海拔 300—1000m 间的川地及山谷的河床、田埂、田间荒地、路旁等。亦为田间常见杂草。

【利用部位与用途】秆叶可编席、打草鞋，也为造纸原料。

【采收与加工】可在挖取香附子（块茎）时收集秆叶，晒干打捆。

【资源开发与保护】香附子为田间常见杂草，很难除净。其块茎名为香附子，可供药用，除能作健胃药外，还可以治疗妇科各症。

藨草

Scirpus triqueter L.
三角管
莎草科 Cyperaceae 藨草属植物

【形态特征】多年生草木。匍匐根状茎细长，干时红棕色。秆散生，粗壮，高 20—90cm，三棱形，基部具 2—3 膜质鞘，横脉隆起，最上部鞘具叶片。叶片扁平；苞片 1，为秆的延长，三棱形。简单长侧枝聚伞花序假侧生，辐射枝 1—8，三棱形，棱粗糙，每辐射枝顶端簇生 1—8 小穗。小穗卵形或长圆形，密生多花。鳞片长圆形、椭圆形或宽卵形，膜质，黄棕色，具中肋，先端短尖，边缘疏生缘毛；小坚果，有倒刺；雄蕊 3，花药线形，药隔暗褐色，稍突出；在柱短，柱头 2，细长。小坚果倒卵形，平凸状，成熟时褐色。花期 6—7 月，果期 8—9 月。

【分布与生境】秦岭南北坡均有分布；生于海拔 400—2000m 的川地及山谷的河滩、水渠等浅水中或沼泽地。

【利用部位与用途】秆叶纤维素含量为 60%，为造纸原料，亦可编席、打草鞋及搓绳。

【采收与加工】每年 7—10 月收割秆叶，新鲜时可打绳或编织物品。晒干后供造纸用。

【资源开发与保护】秦岭野生资源丰富。

水葱

Scirpus validus Vahl
水葱藨草、莞草
莎草科 Cyperaceae 藨草属植物

【形态特征】多年生草本。匍匐根状茎粗壮，具许多须根。秆高大，圆柱状，基部具3—4个叶鞘，鞘长可达38cm，管状，膜质，最上面一个叶鞘具叶片。叶片线形。苞片1枚，为秆的延长，直立，钻状，常短于花序；长侧枝聚伞花序简单或复出，假侧生，具4—13或更多个辐射枝；辐射枝长可达5cm，一面凸，一面凹，边缘有锯齿；小穗单生或2—3个簇生于辐射枝顶端，具多数花；鳞片椭圆形或宽卵形，顶端稍凹，具短尖，膜质，棕色或紫褐色，有时基部色淡，背面有铁锈色突起小点，脉1条，边缘具缘毛；下位刚毛6条，等长于小坚果，红棕色，有倒刺；雄蕊3；花柱中等长，柱头2，长于花柱。小坚果倒卵形或椭圆形，双凸状。花期6—7月，果期8—9月。

【分布与生境】秦岭南坡有分布；生于湖边、水塘、浅水溪流内及河边湿地，常成片群生。

【利用部位与用途】秆为造纸原料及编织材料，也可栽培水池及水缸中供观赏用。

【采收与加工】每年8—9月收割茎秆，晒干成捆即可。

【资源开发与保护】水葱对污水中有机物、氨氮、磷酸盐及重金属有较高的除去率。

芒

Miscanthus sinensis Anderss.

禾本科 Gramineae 芒属植物

【形态特征】多年生苇状草本。秆高 1—2m。叶片条形，宽 6—10mm。圆锥花序直立；穗轴不断落；节间与小穗柄都无毛；小穗成对生于各节，披针形，一柄长，一柄短，均结实且同形，含 2 小花，仅第二小花结实，基盘的毛稍短或等长于小穗；第一颖两侧有脊，脊间 2—3 脉，背部无毛；芒自第二外稃裂齿间伸出，膝曲；雄蕊 3 枚，先雌蕊而成熟；柱头羽状，紫褐色，从小穗中部之两侧伸出。颖果长圆形，暗紫色。花期 7—9 月，果期 9—11 月。

【分布与生境】秦岭南北坡均有分布，多生长于浅山或平原的山坡、田边、沟岸或荒坡原野。

【利用部位与用途】芒秆纤维素含量 81%，纤维长度为 2—2.4mm，造纸的好原料。亦可做草鞋、盖茅屋或编席用。

【采收与加工】通常在秋季秆叶变黄，割取地上部分，晒干，捆成束保存。

【资源开发与保护】芒常形成局部地区优势群落，野生资源十分丰富。秆穗也可做扫帚和燃料用。毛缨可装枕头和垫子。根可做刷子。幼茎汁可供药用，有去毒之功效。幼嫩植株可用作牲畜饲料。

荻

【形态特征】多年生高大草本，有根状茎。秆高 60—200cm。叶片条形，边缘锯齿状粗糙，基部常收缩成柄，顶端长渐尖，中脉白色，粗壮。圆锥花序疏展成伞房状；总状花序长 10—20cm；穗轴不断落，节间与小穗柄都无毛；小穗成对生于各节，一柄长，一柄短，均结实且同形，含 2 小花，仅第二小花结实；基盘的丝状毛长约为小穗的两倍；第一颖两侧有脊，脊间有一条不明显的脉或无脉，背部有长为小穗二倍以上的长柔毛；芒缺或不露出小穗之外；雄蕊 3 枚；柱头紫黑色，自小穗两侧伸出；颖果长圆形。花期 8—9 月，果期 9—10 月。

【分布与生境】秦岭南北坡普遍分布，多生于海拔 1000m 上下的浅山或平原的山坡草地或沟岸湿地。

【利用部位与用途】荻秆叶纤维素含量 40%—63%，纤维长度为 0.44—416mm。除用作造纸原料外，也可用于编织。

【采收与加工】通常在秋季秆叶变黄，割取地上部分，晒干，捆成束保存。

【资源开发与保护】荻同芒一样，也会在局部地区形成优势群落，野生资源丰富。因其根系发达，固土能力强，可栽培于河岸、沟旁，起防沙护坡、保持水土作用。

大油芒

Spodiopogon sibiricus Trin.
大荻、红毛公
禾本科 Gramineae 大油芒属植物

【形态特征】多年生草本。秆高 90—110cm，通常不分枝。叶片阔条形，宽 6—14mm。圆锥花序长 15—20cm；总状花序 2—4 节，生于细长的枝端，穗轴逐节断落，节间及小穗柄呈棒状；小穗成对，一有柄，一无柄，均结实且同形，多少呈圆筒形，含 2 小花，仅第二小花结实；第一颖遍布柔毛，顶部两侧有不明显的脊；芒自第二外稃二深裂齿间伸出，中部膝曲。雄蕊 3 枚；柱头棕褐色，帚刷状，近小穗顶部之两侧伸出。颖果长圆状披针形，棕栗色。花期 8—9 月，果期 9—10 月。

【分布与生境】秦岭南北坡普遍分布，南坡可生于海拔 1500—1900m 以上，常生于山坡草丛或路旁。

【利用部位与用途】大油芒秆叶全纤维含量为 42%，α-纤维含量达 69%，纤维质量较好，可作为造纸原料，能制造高级文化用纸。

【采收与加工】于秋末割收，晒干贮藏。

【资源开发与保护】大油芒分布广，适应能力强，野生资源十分丰富。除作为造纸原料外，也可用于编织、搓绳，幼嫩时为良好的饲料。大油芒秆叶日晒雨淋不易腐烂，农村常用作盖茅屋材料。

Phragmites australis (Cav.) Trin. ex Steud.
芦、苇
禾本科 Gramineae 芦苇属植物

芦苇

【形态特征】多年生草本，根状茎十分发达。秆直立，高 1—3m，直径 1—4cm，具 20 多节，基部和上部的节间较短，节下被腊粉。叶鞘下部者短于而上部者，长于其节间；叶舌边缘密生一圈短纤毛；叶片披针状线形，长 30cm，宽 2cm，顶端长渐尖成丝形。圆锥花序大型，分枝多数，着生稠密下垂的小穗；小穗含 4 花；颖具 3 脉；第一不孕外稃雄性，长约 12mm，第二外稃长 11mm，具 3 脉，顶端长渐尖，基盘延长，两侧密生等长于外稃的丝状柔毛，与无毛的小穗轴相连接处具明显关节，成熟后易自关节上脱落；内稃长约 3mm，两脊粗糙；雄蕊 3，花药长 1.5—2mm，黄色；颖果。花期 4—5 月，果期 9—11 月。

【分布与生境】秦岭南北坡普遍分布，多生于海拔 1500m 以下的浅山或平原的池沼、河岸道旁和湿润地带。

【利用部位与用途】芦苇秆中全纤维含量 48%—61%，是优质的造纸原料，也可制造人造丝及编织用料。花序可作扫帚，花絮俗称苇毛缨，柔软保温，可制作冬季用木底草鞋，装枕头。

【采收与加工】冬季收割纤维用芦苇原料，收割后用捆草机压成捆。

【资源开发与保护】芦苇的分布较广，野生资源丰富。茎、叶嫩时为饲料；根状茎供药用，为固堤造陆先锋环保植物。

大火草

Anemone tomentosa (Maxim.) Pei
野棉花、山棉花
毛茛科 Ranunculaceae 银莲花属植物

【形态特征】多年生草木。植株高达1.5m，全株被白色茸毛。基生叶3—4，具长柄，三出复叶，有时1—2叶；小叶卵形或三角状卵形，长9—16cm，基部浅心形，3浅裂至3深裂，具不规则小裂片及小齿，下面密被绒毛。花葶与叶柄均被绒毛；聚伞花序长达38cm，二至三回分枝；苞片3，似基生叶，具柄，3深裂，有时为单叶。萼片5，淡粉红或白色；雄蕊多数；心皮密被绒毛。瘦果具细柄，被绵毛。花期7—9月，果期10—11月。

【分布与生境】秦岭南北坡普遍分布，生于海拔400—3000m的山坡荒地及山谷路边。

【利用部位与用途】茎皮含纤维，脱胶后可搓绳。种子上的茸毛可作填充物、救生衣。

【采收与加工】8—9月间割收地上茎，去掉叶子，将茎秆扎成小束，置于水中浸泡8—10天，脱胶后捞出晒干，用木棒捶打，使其轻软如麻，即可搓绳。10—11月，种子成熟时采收种毛。

【资源开发与保护】秦岭大火草资源十分丰富，根状茎供药用，治痢疾等症，也可作小儿驱虫药。种子可榨油，含油率15%左右。另外，其花大而美丽，适应性强，是有待于开发的城市绿化植物。

杭子梢

【形态特征】灌木，高1—2m。羽状复叶具3小叶；小叶椭圆形或宽椭圆形，先端圆形、钝或微凹，具小凸尖，基部圆形，中脉明显隆起，毛较密。总状花序单一，腋生并顶生；苞片卵状披针形；花萼钟形，萼裂片狭三角形或三角形，渐尖；花冠紫红色或近粉红色，旗瓣椭圆形、倒卵形或近长圆形等，近基部狭窄，翼瓣微短于旗瓣或等长，龙骨瓣呈直角或微钝角内弯。荚果长圆形、近长圆形或椭圆形，先端具短喙尖，具网脉，边缘生纤毛。花期6—8月，果期9—10月。

【分布与生境】秦岭南北坡普遍分布，生于海拔2000m以下的山坡、山谷路边和沟岩灌丛。

【利用部位与用途】茎皮纤维可作绳索，枝条可编制筐篓。

【采收与加工】枝条以秋季落叶或春季发芽时采割为好，去枝梢，打成捆。若利用其纤维，则可采鲜枝剥皮法剥皮。皮剥下后，可先提制栲胶，再加10%的石灰蒸煮2—3小时，捶洗后即成麻。

【资源开发与保护】秦岭杭子梢野生资源十分丰富，可进一步开发利用。

胡枝子

Lespedeza bicolor Turcz.
萩、胡枝条
豆科 Leguminosae 胡枝子属植物

【形态特征】直立灌木，高 1—3m，多分枝，小枝黄色或暗褐色，有条棱。羽状复叶具 3 小叶；小叶质薄，卵形、倒卵形或卵状长圆形，先端钝圆或微凹，稀稍尖，具短刺尖，基部近圆形或宽楔形，全缘，上面绿色，下面色淡。总状花序腋生，比叶长，常构成大型、较疏松的圆锥花序；花萼 5 浅裂，裂片通常短于萼筒，上方 2 裂片合生成 2 齿，裂片卵形或三角状卵形，先端尖，外面被白毛；花冠红紫色，旗瓣倒卵形，先端微凹，翼瓣较短，近长圆形，基部具耳和瓣柄，龙骨瓣与旗瓣近等长，先端钝，基部具较长的瓣柄；子房被毛。荚果斜倒卵形，稍扁，表面具网纹，密被短柔毛。花期 7—8 月，果期 9—10 月。

【分布与生境】秦岭南北坡普遍分布，生于海拔 2000m 以下的山坡、山谷路边和沟岩灌丛。

【利用部位与用途】茎皮含纤维 56%，出麻率 32%，可造纸及代麻绳索，亦可制人造棉。枝条可编制筐篓等小农具。

【采收与加工】9—10 月间砍割枝条，细嫩的用编筐用，粗壮枝条趁鲜剥皮，可先将枝条梢部拧扭，使木质部和韧皮部分离，然后撕剥。选择较嫩的枝条，削去旁枝叶，作为编筐用；将剥下来的粗壮枝条扎成小捆，先浸水初步脱胶，即可代麻制绳索，制麻袋。

【资源开发与保护】秦岭胡枝子野生资源十分丰富，胡枝子性耐旱，是防风、固沙及水土保持植物，为营造防护林及混交林的伴生树种。种子油可供食用或作机器润滑油；叶可代茶。

短梗胡枝子

【形态特征】直立灌木，高 1—3m，多分枝。小枝褐色或灰褐色，具棱，贴生疏柔毛。羽状复叶具 3 小叶；小叶宽卵形，卵状椭圆形或倒卵形，先端圆或微凹，具小刺尖，上面绿色，下面贴生疏柔毛，侧生小叶比顶生小叶稍小。总状花序腋生，比叶短；总花梗短缩或近无总花梗，密被白毛；花萼筒状钟形，5 裂至中部，裂片披针形，渐尖，表面密被毛；花冠红紫色，旗瓣倒卵形，先端圆或微凹，基部具短柄，翼瓣长圆形，比旗瓣和龙骨瓣短约 1/3，先端圆，基部具明显的耳和瓣柄，龙骨瓣顶端稍弯，与旗瓣近等长，基部具耳和柄。荚果斜卵形，稍扁，表面具网纹，且密被毛。花期 7—8 月，果期 9 月。

【分布与生境】秦岭南北坡均分布，生于海拔 2000m 以下的山坡林中及山谷沟岸灌丛。

【利用部位与用途】二年以上茎皮即可提纤维，制人造棉或制麻、造纸。枝条可供编织用。

【采收与加工】9—10 月间砍割枝条，细嫩的编筐用，粗壮枝条趁鲜剥皮，可先将枝条梢部拧扭，使木质部和韧皮部分离，然后撕剥。

【资源开发与保护】秦岭中短梗胡枝子比胡枝子少。叶可用作饲料，并可用绿肥。

绿叶胡枝子

Lespedeza buergeri Miq.

豆科 Leguminosae 胡枝子属植物

【形态特征】直立灌木，高 1—3m。枝灰褐色或淡褐色。羽状复叶具 3 小叶，顶生小叶较侧生小叶大；小叶卵状椭圆形，先端急尖，基部稍尖或钝圆，上面鲜绿色，下面灰绿色。总状花序腋生，在枝上部者构成圆锥花序；苞片 2 长卵形，褐色，密被柔毛；花萼钟状，5 裂至中部，裂片卵状披针形或卵形，密被长柔毛；花冠淡黄绿色，旗瓣近圆形，基部两侧有耳，具短柄，翼瓣椭圆状长圆形，基部有耳和瓣柄，瓣片先端有时稍带紫色，龙骨瓣倒卵状长圆形，比旗瓣稍长，基部有明显的耳和长瓣柄；雄蕊 10，二体；子房有毛，花柱丝状，稍超出雄蕊，柱头头状。荚果长圆状卵形，表面具网纹和长柔毛。花期 6—7 月，果期 8—9 月。

【分布与生境】秦岭南北坡均分布，生于海拔 900—1800m 的山坡林下和路旁灌丛中。

【利用部位与用途】茎皮即可提纤维，制人造棉或制麻、造纸。枝条可供编织用。

【采收与加工】9—10 月间砍割枝条，细嫩的编筐用，粗壮枝条趁鲜剥皮，可先将枝条梢部拧扭，使木质部和韧皮部分离，然后撕剥。

【资源开发与保护】绿叶胡枝子种子含油，根叶可入药。亦为水土保持树种。

圆锥山蚂蝗

【形态特征】多分枝灌木，高1—2m。羽状三出复叶；小叶纸质，卵状椭圆形、宽卵形、菱形或圆菱形，长2—7cm，宽1.5—5cm，侧生小叶略小，先端圆或钝，或急尖至渐尖，基部宽楔形，常不对称或斜钝，全缘或浅波状，侧脉4—6条，直达叶缘。花序顶生或腋生，顶生者多为圆锥花序，腋生者为总状花序，长5—20cm；花通常2—3朵生于每一节上；花萼钟形，4裂，裂片三角形；花冠紫色或紫红色，长9—17mm，旗瓣宽椭圆形或倒卵形，先端微凹，圆形，基部楔形，翼瓣、龙骨瓣均具瓣柄，冀瓣具耳；雄蕊长7—13mm；雌蕊长9—15mm，子房被贴伏短柔毛。荚果扁平，线形，长3—5cm，宽4—5mm，疏被贴伏短柔毛，腹缝线近直，背缝线圆齿状，有荚节4—6。花期6—9月，果期9—10月。

【分布与生境】秦岭南北坡普遍分布，生长于海拔1000—2000m间的温暖的山坡、路旁、沟岸或疏林中。

【利用部位与用途】纤维含量54%。茎皮纤维可织布、编绳索，亦可作造纸和人造棉原料。

【采收与加工】9—10月间砍割枝条，细嫩的用编筐用，粗壮枝条趁鲜剥皮，可先将枝条梢部拧扭，使木质部和韧皮部分离，然后撕剥。选择较嫩的枝条，削去旁枝叶，作为编筐用；将剥下来的粗壮枝条扎成小捆，先用浸水脱胶初步脱胶，即可代麻制绳索，制麻袋。

【资源开发与保护】秦岭圆锥山蚂蝗野生资源较为丰富，生长旺盛，可进一步开发利用。根可药用，具祛风湿、止咳、消炎之效。

紫穗槐

Amorpha fruticosa Linn.
椒条、穗花槐、紫翠槐
豆科 Leguminosae 紫穗槐属植物

【形态特征】落叶灌木，丛生，高 1—4m。小枝灰褐色。叶互生，奇数羽状复叶，小叶卵形或椭圆形，先端圆形，锐尖或微凹，有一短而弯曲的尖刺，基部宽楔形或圆形，具黑色腺点。穗状花序常 1 至数个顶生和枝端腋生；花有短梗；萼齿三角形，较萼筒短；旗瓣心形，紫色，无翼瓣和龙骨瓣；雄蕊 10，下部合生成鞘，上部分裂，包于旗瓣之中，伸出花冠外。荚果下垂，棕褐色，表面有凸起的疣状腺点。花期 5—6 月，果期 7—9 月。

【分布与生境】秦岭南北坡均有栽培，多栽培于河岸、沟边及路旁。适应性广，耐盐碱，抗旱性强。

【利用部位与用途】枝条皮可代麻搓绳，也可作造纸原料。

【采收与加工】9—10 月间砍割枝条，细嫩的编筐用，粗壮枝条趁鲜剥皮，可先将枝条梢部拧扭，使木质部和韧皮部分离，然后撕剥。选择较嫩的枝条，削去旁枝叶，作为编筐用；将剥下来的粗壮枝条扎成小捆，先浸水初步脱胶，即可代麻制绳索，制麻袋。

【资源开发与保护】紫穗槐原产美国东北部和东南部，因其为多年生优良绿肥，蜜源植物，耐瘠，耐水湿和轻度盐碱土，又能固氮，现我国广泛栽培。其果实含芳香油，种子含油率 10%，可作油漆、甘油和润滑油之原料。栽植于河岸、河堤、沙地、山坡及铁路沿线，有护堤防沙、防风固沙的作用。

Melilotus officinalis (L.) Pall.
黄香草木犀、扫帚苗
豆科 Leguminosae 草木犀属植物

草木犀

【形态特征】二年生草本。茎直立，粗壮，多分枝，具纵棱。羽状三出复叶；小叶倒卵形、阔卵形、倒披针形至线形，先端钝圆或截形，基部阔楔形，边缘具不整齐疏浅齿，侧脉 8—12 对，平行直达齿尖，两面均不隆起，顶生小叶稍大，具较长的小叶柄，侧小叶的小叶柄短。总状花序腋生，具花 30—70 朵，初时稠密，花开后渐疏松，花序轴在花期中显著伸展；花梗与苞片等长或稍长；萼钟形，脉纹 5 条，甚清晰，萼齿三角状披针形，稍不等长，比萼筒短；花冠黄色，旗瓣倒卵形，与翼瓣近等长，龙骨瓣稍短或三者均近等长；雄蕊筒在花后常宿存包于果外；子房卵状披针形，胚珠 6 粒，花柱长于子房。荚果卵形，先端具宿存花柱，表面具凹凸不平的横向细网纹，棕黑色；有种子 1—2 粒。种子卵形。花期 5—9 月，果期 6—10 月。

【分布与生境】秦岭北坡均有栽培；适宜半干旱和温湿气候，抗碱性及抗干旱性强，多生于低湿地，沙丘、山坡。

【利用部位与用途】茎皮纤维可用于造纸原料，也可做人造棉。纤维素含量 42%，单纤维平均长度 3.49mm。

【采收与加工】作纤维用可在秋季收割，放在清水池内沤泡 7—8 天，捞出剥取茎皮，再用清水洗涤，晒干即可备用。

【资源开发与保护】草木犀全株可作牧草与绿肥，种子可酿酒，花期长，花多，为蜜源植物。

紫藤

Wisteria sinensis Sweet
藤花、藤罗树
豆科 Leguminosae 紫藤属植物

【形态特征】落叶藤本。茎左旋，枝较粗壮。奇数羽状复叶；小叶 3—6 对，纸质，卵状椭圆形至卵状披针形，上部小叶较大，基部 1 对最小，先端渐尖至尾尖，基部钝圆或楔形，或歪斜。总状花序发自去年短枝的腋芽或顶芽；芳香；花冠紫色，旗瓣圆形，先端略凹陷，花开后反折，基部有 2 胼胝体，翼瓣长圆形，基部圆，龙骨瓣较翼瓣短，阔镰形，子房线形，密被绒毛，花柱无毛，上弯，胚珠 6—8 粒。荚果倒披针形，密被绒毛，悬垂枝上不脱落，有种子 1—3 粒；种子褐色，具光泽，圆形，扁平。花期 4 月中旬至 5 月上旬，果期 5—8 月。

【分布与生境】秦岭南北坡均分布，生于海拔 500—1000m 间的山谷沟坡、山坡灌丛中。

【利用部位与用途】茎皮纤维色泽洁白，有丝光，制成人造棉，可单中混纺。其枝强韧，可编箩筐等。

【采收与加工】5—8 月最适采收，砍割时选择较嫩的藤干同，立即趁鲜加工或风干，否则剥皮困难。将藤杆截成 1m 长左右，用浸水脱胶法进行脱胶，浸泡时间 5—7 天。

【资源开发与保护】紫藤古时即栽培作庭园棚架植物，先叶开花，紫穗满垂缀以稀疏嫩叶，十分优美。

决明

【形态特征】一年生亚灌木状草本，高 1—2m。叶柄上无腺体；叶轴上每对小叶间有棒状的腺体 1 枚；小叶 3 对，膜质，倒卵形或倒卵状长椭圆形，顶端圆钝而有小尖头，基部渐狭，偏斜。花腋生，通常 2 朵聚生；萼片稍不等大，卵形或卵状长圆形，膜质；花瓣黄色，下面二片略长；能育雄蕊 7 枚，花药四方形，顶孔开裂，花丝短于花药；子房无柄，被白色柔毛。荚果纤细，近四棱形，两端渐尖，膜质；种子约 25 颗，菱形，光亮。花果期 8—9 月，果期 10—11 月。

【分布与生境】秦岭南北坡均有栽培或野生，生于海拔 1200—2200m 山谷疏林下、田间路旁与河边的荒地上。

【利用部位与用途】茎皮纤维含量 37%。茎纤维可代麻织麻袋、制绳索，亦可制人造棉、造纸。

【采收与加工】9—10 月间砍割枝条，粗壮枝条趁鲜剥皮，用浸水脱胶法脱胶。

【资源开发与保护】其种子为决明子，有清肝明目、利水通便之功效，同时还可提取蓝色染料；苗叶和嫩果可食。

华西银腊梅

Potentilla glabra Lodd. var. *mandshurica* (Maxim.) Hand.-Mazz.
白毛银露梅、华西银露梅、观音茶、药王茶
蔷薇科 Rosaceae 委陵菜属植物

【形态特征】落叶灌木，高 1—1.5m，茎直立。小枝幼时被绢毛，老时褐色或紫褐色。叶为羽状复叶，有小叶 2 对，稀 3 小叶，上面一对小叶基部下延与轴汇合，叶柄被疏柔毛；小叶片椭圆形、倒卵椭圆形或卵状椭圆形，长 0.5—1.2cm，宽 0.4—0.8cm，顶端圆钝或急尖，基部楔形或几圆形，边缘平坦或微向下反卷，全缘。顶生单花，花直径 1.5—2.5cm；萼片卵形，急尖或短渐尖，副萼片披针形、倒卵披针形或卵形，比萼片短或近等长，外面被疏柔毛；花瓣白色，倒卵形，顶端圆钝；雄蕊约 20 枚；花柱近基生，棒状，基部较细，在柱头下缢缩，柱头扩大。瘦果表面被毛。花果期 7—8 月，果期 8—9 月。

【分布与生境】秦岭南北坡均有分布，生于海拔 2300—3000m 的高山梁灌木丛或草地。

【利用部位与用途】茎皮含纤维，可作为人造棉及造纸的原料。

【采收与加工】9—10 月间砍割枝条，粗壮枝条趁鲜剥皮，用浸水脱胶法脱胶。

【资源开发与保护】华西银腊梅叶入药，能清热、健胃、调经；干品煎服主治暑热眩晕、胃气不和，滞食及妇女月经不调等症，秦岭地区称华西银腊梅干叶为“药王茶”。

榆树

Ulmus pumila L.
榆、白榆、家榆
榆科 Ulmaceae 榆属植物

【形态特征】落叶乔木，高达 25m；幼树树皮平滑，灰褐色或浅灰色，大树之皮暗灰色，不规则深纵裂，粗糙。叶椭圆状卵形、长卵形、椭圆状披针形或卵状披针形，先端渐尖或长渐尖，基部偏斜或近对称，一侧楔形至圆，另一侧圆至半心脏形，边缘具重锯齿或单锯齿，侧脉每边 9—16 条。花先叶开放，在去年生枝的叶腋成簇生状。翅果近圆形，果核部分位于翅果的中部，上端不接近或接近缺口，成熟前后其色与果翅相同，初淡绿色，后白黄色，宿存花被无毛，4 浅裂，果梗较花被为短，被（或稀无）短柔毛。花期 3—4 月，果期 4—5 月。

【分布与生境】秦岭南北坡均有分布，也普遍栽培。

【利用部位与用途】树皮含纤维素 16%，单纤维平均长度 3.66mm。拉力强，可代麻制绳索、麻袋或人造棉；又含黏性，可作造纸糊料。

【采收与加工】8—9 月或春季采割枝条，随即剥皮。净剥下的树皮浸水泡 10—15 天，当纤维分离时，取出用清水揉搓洗净，即成柔软而黄白色的半脱胶纤维。

【资源开发与保护】榆树为阳性树，生长快，根系发达，适应性强，能耐干冷气候及中度盐碱，但不耐水湿。边材窄，淡黄褐色，心材暗灰褐色，纹理直，结构略粗，坚实耐用，树皮内含淀粉及黏性物，磨成粉称榆皮面。掺和面粉中可食用，并为做醋原料；幼嫩翅果与面粉混拌可蒸食，老果含油 25%，可供医药和轻、化工业用；叶可作饲料。树皮、叶及翅果均可药用，能安神、利小便。

榔榆

Ulmus parvifolia Jacq.
小叶榆、秋榆
榆科 Ulmaceae 榆属植物

【形态特征】落叶乔木，高达 25m，胸径 1m；树皮灰或灰褐色，成不规则鳞状薄片剥落，内皮红褐色。一年生枝密被短柔毛。叶披针状卵形或窄椭圆形，稀卵形或倒卵形，基部楔形或一边圆，单锯齿，侧脉 10—15 对。秋季开花，3—6 朵成簇状聚伞花序，花被上部杯状，下部管状，花被片 4，深裂近基部，常脱落或残留。翅果椭圆形或卵状椭圆形，果翅较果核窄，果核位于翅果中上部。花果期 8—9 月，果期 10 月。

【分布与生境】秦岭北坡有分布，生于海拔 1100m 以下的低山区的河畔。性喜温暖湿润，宜肥沃土壤。

【利用部位与用途】树皮含纤维 36%，细软，含杂质少，可作蜡纸及人造棉原料，或织麻袋、编绳索。

【采收与加工】8—9 月或春季采割枝条，随即剥皮。净剥下的树皮浸水泡 10—15 天，当纤维分离时，取出用清水揉搓洗净，即成柔软而黄白色的半脱胶纤维。

【资源开发与保护】榔榆边材淡褐色或黄色，心材灰褐色或黄褐色，材质坚韧，纹理直，耐水湿，可供制家具、车辆、船、器具、农具等用。

朴树

【形态特征】落叶乔木；树皮平滑，灰色；一年枝被密毛。叶革质，宽卵形至狭卵形，中部以上边缘有浅锯齿，三出脉。花两性花和单性花同株，1—3 朵生于当年枝的叶腋；花被片 4，被毛；雄蕊 4；柱头 2。核果近球形，红褐色；果柄较叶柄近等长；果核有穴和突肋。花期 3—4 月，果期 9—10 月。
【分布与生境】秦岭南北坡均有分布，生于海拔 500—1000m 的山区低山坡疏林中。庭院中常有栽培。
【利用部位与用途】树皮含纤维 32%—36%，韧皮纤维坚韧，可制绳索、纸及人造棉。
【采收与加工】夏季砍割枝条，趁鲜剥皮，分老嫩捆成松弛的小把。将捆好的枝条加入水中浸泡 10—15 天，待胶质脱完后，取出放入流水中搓洗，去掉粗皮和杂质，即成半脱胶成品。
【资源开发与保护】秦岭野生资源有限。朴树种子可榨油，含油量 40%，可制作润滑油及肥皂。木质坚硬，不易破裂，供制作家具、车辆等。树皮和叶也可药用。

大叶朴

Celtis koraiensis Nakai
山灰枣、大叶白麻
大麻科 Cannabaceae（榆科 Ulmaceae）朴属

【形态特征】落叶乔木，高达 15m；树皮灰色或暗灰色；当年生小枝老后褐色至深褐色。叶椭圆形至倒卵状椭圆形，少有倒广卵形，基部稍不对称，宽楔形至近圆形或微心形，先端具尾状长尖，长尖常由平截状先端伸出，边缘具粗锯齿，两面无毛，或仅叶背疏生短柔毛或在中脉和侧脉上有毛；在萌发枝上的叶较大。果单生叶腋，果近球形至球状椭圆形，成熟时橙黄色至深褐色；核球状椭圆形，有四条纵肋，表面具明显网孔状凹陷，灰褐色。花期 4—5 月，果期 9—10 月。

【分布与生境】秦岭南北坡均有分布，生于海拔 1000—1500m 的山地阔叶林内。

【利用部位与用途】枝条含纯纤维素 31.6%，纤维平均长度 28.36mm，纤维脱胶后作麻类代用品，亦可作造纸、人造棉原料。

【采收与加工】秋季割下枝条，趁鲜剥皮，不宜放置过久，以免剥皮困难。

【资源开发与保护】秦岭野生资源有限。大叶朴种子可榨油，含油量 51%，可制作润滑油及肥皂。

青檀

【形态特征】乔木，高达20m以上，胸径达70cm以上；树皮灰色或深灰色，不规则的长片状剥落；小枝黄绿色，皮孔明显；冬芽卵形。叶纸质，宽卵形至长卵形，基部3出脉，侧脉4—6对。翅果状坚果近圆形或近四方形，直径10—17mm，黄绿色或黄褐色，翅宽，稍带木质，有放射线条纹，下端截形或浅心形，顶端有凹缺，常有不规则的皱纹，有时具耳状附属物，具宿存的花柱和花被，果梗纤细，长1—2cm，被短柔毛。花期4—5月，果期8—10月。

【分布与生境】秦岭南北坡均产，北坡见于陕西的华阴、长安、周至、眉县，南坡见于商县、略阳等地；生于海拔480—1500m的山谷溪流两岸或岩石附近。

【利用部位与用途】树皮含纤维素59%，纤维平均长度4.2mm，树皮纤维为制宣纸的主要原料。

【采收与加工】11月至次年2—3月采割枝条后，除去旁枝、叶，再分长、短、老、嫩扎成小捆。

【资源开发与保护】青檀为我国特有的单种属，对研究榆科系统发育有学术价值。木材坚硬细致，可供作农具、车轴、家具和建筑用的上等木料；树供观赏用。

榉树

Zelkova serrata (Thunb.) Makino
榉、光叶榉、鸡油树、光光榆
榆科 Ulmaceae 榉属

【形态特征】乔木，高达30m，胸径达100cm；树皮灰白色或褐灰色，呈不规则的片状剥落；当年生枝紫褐色或棕褐色；冬芽圆锥状卵形或椭圆状球形。叶薄纸质至厚纸质，大小形状变异很大，卵形、椭圆形或卵状披针形，先端渐尖或尾状渐尖，基部有的稍偏斜，圆形或浅心形，稀宽楔形，边缘有圆齿状锯齿，具短尖头，侧脉7—14对。雄花具极短的梗，花被裂至中部，花被裂片6—7，不等大，退化子房缺；雌花近无梗，花被片4—5。核果几乎无梗，淡绿色，斜卵状圆锥形，上面偏斜，凹陷，具背腹脊，网肋明显，表面被柔毛，具宿存的花被。花期4—5月，果期9—10月。

【分布与生境】秦岭南北坡均有分布，生于海拔480—1500m的河谷、溪边疏林中。湿润肥沃土壤长势良好。

【利用部位与用途】树皮含纤维素46%，树皮纤维强韧，可供人造棉、制绳索及造纸的原料。

【采收与加工】秋季采收，用剪或刀割取树皮，去掉梢枝、叶，即可从枝干基部剥皮。

【资源开发与保护】榉树皮和叶供药用，下水气，止热痢，安胎，主妊娠腹痛。木质坚硬，不易伸缩，耐腐力强，供建筑和家具、车辆、机械等用。

大麻

Cannabis sativa L.
胡麻、野麻、火麻
大麻科 Cannabaceae 大麻属植物

【形态特征】一年生草本，高1—3m，枝具纵沟槽。叶掌状全裂，裂先端渐尖，基部狭楔形，表面深绿，背面幼时密被灰白色贴状毛后变无毛，边缘具向内弯的粗锯齿，中脉及侧脉在表面微下陷，背面隆起。雄花序长达25cm；花黄绿色，花被5，膜质，雄蕊5，花丝极短，花药长圆形；雌花绿色；花被1，紧包子房；子房近球形，外面包于苞片。瘦果为宿存黄褐色苞片所包，果皮坚脆，表面具细网纹。花期5—6月，果期为7月。

【分布与生境】秦岭各地均有栽培。在排水良好的沙质土壤或黏质土壤上产量较大。

【利用部位与用途】大麻茎皮纤维素含量达69%—78%，单纤维长150—255mm，且纤维颜色白而柔软，是一种高级纤维，可单纺或混纺。可用于织麻布或纺线，制绳索，编织渔网和造纸。

【采收与加工】8—9月收割，分干剥和鲜剥两种，鲜剥可手工剥取，将割回的茎秆去掉枝叶，用手将皮剥下再用麻刀除净粗皮，晒干成麻；干剥宜用机械剥取，多采用亚麻机轧干剥皮。

【资源开发与保护】大麻种子榨油，含油量30%，可供做油漆、涂料等，油渣可作饲料。果实中医称“火麻仁”或“大麻仁”，性平，味甘，具有润肠功效。

葎草

Humulus scandens (Lour.) Merr
葛麻藤、降龙草、拉拉藤
大麻科 Cannabaceae 葎草属植物

【形态特征】一年生缠绕草本，茎、枝、叶柄均具倒钩刺。叶对生，纸质，肾状五角形，掌状5—7深裂，基部心脏形，表面粗糙，疏生糙伏毛，背面有柔毛和黄色腺体，裂片卵状三角形，边缘具锯齿。雌雄异株，雄花序集成圆锥花序，雄花小，黄绿色，雄蕊5枚；雌花序球果状，苞片纸质，三角形，顶端渐尖，具白色绒毛；子房为苞片包围，柱头2，伸出苞片外。瘦果成熟时露出苞片外。花期7—8，果期9—10。

【分布与生境】秦岭南北坡广泛分布，生于海拔500—1500m的山坡、道旁荒地、废墟及住宅附近。

【利用部位与用途】茎皮含纤维44%，可供造纸用，也可代麻制成人造棉，供纺织用。

【采收与加工】8—9月割取全株，晒干后用棒捶打，脱皮成麻，捆成15—25kg的麻捆，置通风处。

【资源开发与保护】葎草为常见杂草，适应力极强，难以除尽。全草供药用，种子油可制肥皂。

异叶榕

Ficus heteromorpha Hemsl.
异叶天仙果
桑科 Moraceae 榕属植物

【形态特征】落叶灌木或小乔木，高 2—5m；树皮灰褐色；小枝红褐色，节短。叶多形，琴形、椭圆形、椭圆状披针形，先端渐尖或为尾状，基部圆形或浅心形，表面略粗糙，背面有细小钟乳体，全缘或微波状，基生侧脉较短，侧脉 6—15 对，红色；叶柄红色。榕果成对生短枝叶腋，无总梗，球形或圆锥状球形，光滑，成熟时紫黑色，顶生苞片脐状，基生苞片 3 枚，卵圆形，雄花和瘿花同生于一榕果中；雄花散生内壁，花被片 4—5，匙形，雄蕊 2—3；瘿花花被片 5—6，子房光滑，花柱短；雌花花被片 4—5，包围子房，花柱侧生，柱头画笔状，被柔毛。瘦果光滑。花期 4—5 月，果期 8—9 月。

【分布与生境】秦岭南北坡均有分布，生于海拔 500—1800m 山坡、沟旁和沟边灌丛中。

【利用部位与用途】树皮纤维素含量 51%，拉力颇强，可造纸或人造棉。

【采收与加工】6—9 月采收侧枝，趁鲜剥皮。

【资源开发与保护】秦岭有一定的野生资源，但并不丰富，应适当保护。榕果成熟可食或制作果酱；叶可作猪饲料。

蝎子草

Girardinia suborbiculata C. J. Chen
蜂麻
荨麻科 Urticaceae 蝎子草属植物

【形态特征】一年生草本。茎高 30—100cm，具条棱，被伏毛和粗螯毛。叶膜质，宽卵形或近圆形，先端短尾状或短渐尖，基部近圆形、截形或浅心形，稀宽楔形，边缘有 8—13 枚缺刻状的粗牙齿或重牙齿，上面疏生纤细的糙伏毛，下面有稀疏的微糙毛，两面生很少刺毛，基出脉 3，侧脉 3—5 对，在边缘处彼此不明显的网结。花雌雄同株，雌花序单个或雌雄花序成对生于叶腋；雄花序穗状；雌花序短穗状，常在下部有一短分枝。雄花具梗，花被片 4 深裂卵形；退化雌蕊杯状。雌花近无梗：花被片大的一枚近盔状，顶端 3 齿。瘦果宽卵形，双凸透镜状，熟时灰褐色，有不规则的粗疣点。花期 7—8 月，果期 8—9 月。

【分布与生境】秦岭南坡西端有分布，生于海拔 800—1400m 山坡阔叶疏林、沟边阴湿处及住宅旁或废墟上。

【利用部位与用途】茎皮纤维可制绳，加工处理后，可供纺织用。

【采收与加工】9 月间采割，用刀割下全株，捆成小捆，置水中浸泡发酵，10 天左右捞出剥皮，晒干后扎成把即成成品麻。蝎子草全株具螯毛，采割时应采取保护措施。

【资源开发与保护】秦岭野生资源并不丰富。

Girardinia diversifolia Gaud.
大荨麻、火麻
荨麻科 Urticaceae 蝎子草属

大蝎子草

【形态特征】多年生高大草本，茎下部常木质化；茎高达2m，具5棱，生刺毛和细糙毛或伸展的柔毛，多分枝。叶片轮廓宽卵形、扁圆形或五角形，茎干的叶较大，分枝上的叶较小，基部宽心形或近截形，具5—7深裂片，边缘有不规则的牙齿或重牙齿，上面疏生刺毛和糙伏毛，下面生糙伏毛或短硬毛和在脉上疏生刺毛，基生脉3条。雌雄异株或同株，雌花序生上部叶腋，雄花序生下部叶腋，多次二叉状分枝排成总状或近圆锥状；雌花序总状或近圆锥状，序轴上具糙伏毛和伸展的粗毛，小团伞花枝上密生刺毛和细粗毛。雄花近无梗，花被片4，卵形，内凹，外面疏生细糙毛；退化雌蕊杯状。雌花花被片大的一枚舟形，长约0.4mm（在果时增长到约1mm）先端有3齿，背面疏生细糙毛，小的一枚条形，较短；子房狭长圆状卵形。瘦果近心形，稍扁，熟时变棕黑色，表面有粗疣点。花期9—10月，果期10—11月。

【分布与生境】秦岭南坡广泛分布，生于海拔500—1400m林下湿地或沟边草丛中。

【利用部位与用途】茎皮纤维坚强，可制绳索等。

【采收与加工】秋季割取全株，捆成小捆，置水中浸泡发酵，10天左右捞出剥皮，晒干后扎成把即成成品麻。大蝎子草全株具螫毛，采割时应采取保护措施。

【资源开发与保护】大蝎子草种子可榨油，供制肥皂用。

宽叶荨麻

Urtica laetevirens Maxim.
荨麻
荨麻科 Urticaceae 荨麻属植物

【形态特征】多年生草本，高达1m。茎纤细，有稀疏刺毛和糙毛。叶近膜质，卵形或披针形，先端短渐尖，基部圆或宽楔形，具牙齿，两面疏生刺毛和糙毛，基出脉3，侧出的1对伸达叶上部齿尖，侧脉2—3对。雌雄同株，稀异株，雄花序近穗状，生上部叶腋；雌花序近穗状，生下部叶腋，小团伞花簇稀疏着生于序轴。雄花花被片4，在近中部合生，退化雌蕊近杯状；雌花具短梗。瘦果卵圆形，顶端稍钝，灰褐色，稍有疣点；宿存花被片在基部合生。花期6—8月，果期8—9月。

【分布与生境】秦岭南北坡均有分布，生于海拔900—2500m山坡林下阴湿处或山谷溪流旁。

【利用部位与用途】茎皮含全纤维67%，且其纤维强韧，供纺织和制绳索用。

【采收与加工】9—10月间采割，用镰刀在基部割下全株，如当年末采割的植株，经霜雪浸后，次年春天可直接剥麻。

【资源开发与保护】宽叶荨麻全草供药用，主治风湿、糖尿病等。

Boehmeria nivea (L.) Gaudich.
野苎麻、野麻
荨麻科 Urticaceae 苎麻属植物

苎麻

【形态特征】丛生亚灌木；茎上部与叶柄均密被开展的长硬毛和近开展和贴伏的短糙毛。叶互生；叶片草质，通常圆卵形或宽卵形，顶端骤尖，基部近截形或宽楔形，边缘在基部之上有牙齿，上面稍粗糙，疏被短伏毛，下面密被雪白色毡毛，侧脉约 3 对。圆锥花序腋生，或植株上部的为雌性，其下的为雄性，或同一植株的全为雌性，团伞花序直径 1—3mm，有少数雄花；雌团伞花序有多数密集的雌花。雄花：花被片 4，狭椭圆形，合生至中部，顶端急尖，外面有疏柔毛；雄蕊 4；退化雌蕊狭倒卵球形，顶端有短柱头。雌花：花被椭圆形，顶端有 2—3 小齿，外面有短柔毛，果期菱状倒披针形。瘦果近球形，光滑，基部突缩成细柄。花期 9 月，果期 10 月。

【分布与生境】秦岭南北坡均有野生和栽培，生于海拔 300—1800m 高温多雨地区，一般多见于道旁、水沟边、岩石缝等。

【利用部位与用途】苎麻的茎皮纤维细长、强韧、洁白、有光泽、拉力强、耐水湿、富弹力和绝缘性，可织成夏布、飞机的翼布、橡胶工业的衬布、电线包被、白热灯纱、渔网、制人造丝、人造棉等，与羊毛、棉花混纺可制高级衣料。短纤维可为高级纸张、火药、人造丝等的原料，又可织地毯、麻袋等。

【采收与加工】每年可采割 2—3 次，且应选晴天早晨收获，雨天收获的麻色暗黑。用刀在近地面约 5cm 处将茎割下，除去叶片，或用竹竿打落叶再割，分长短扎捆，送回剥制。

【资源开发与保护】秦岭以南各省区栽培苎麻甚广，我国苎麻产量占世界总产量的 75%—80%。苎麻药用，其根为利尿解热药，并有安胎作用；叶为止血剂，治创伤出血；根、叶并用治急性淋浊、尿道炎出血等症。嫩叶可养蚕，作饲料。种子可榨油，供制肥皂和食用。

细野麻

Boehmeria gracilis C. H. Wright
麦麸草、野线麻、红锦麻
荨麻科 Urticaceae 苎麻属植物

【形态特征】多年生草本，高 40—90cm；茎和分枝疏被短伏毛。叶对生，同一对叶近等大或稍不等大；叶片草质，圆卵形、菱状宽卵形或菱状卵形，顶端骤尖，基部圆形、圆截形或宽楔形，边缘在基部之上有牙齿，两面疏被短伏毛，侧脉 1—2 对。穗状花序单生叶腋，通常雌雄异株，有时雌雄同株，此时，茎上部的雌性，下部的雄性，或有时下部的含有雄的和雌的团伞花序。雄花：无梗，花被片 4，船状椭圆形，雄蕊 4，退化雌蕊椭圆形。雌花：花被纺锤形顶端有 2 小齿，外面密被短伏毛，果期呈菱状倒卵形。瘦果卵球形，基部有短柄。花期 6—7 月，果期期 8—9 月。

【分布与生境】秦岭南北坡均有分布，生于海拔 1200—2600m 阴湿荒地或沟旁林边腐殖土上。

【利用部位与用途】茎皮纤维坚韧，可作造纸、绳索、人造棉及纺织原料。民间用茎皮搓绳、编草鞋。

【采收与加工】可在开花后（7—8 月），果实成熟前采收，用镰刀割下麻秆后，进行水沤，刮去表皮，洗净杂质，晒干即成麻。

【资源开发与保护】细野麻的秦岭野生资源丰富。全草可药用，治皮肤发痒、湿毒等症。

赤麻

【形态特征】多年生草本，茎高 40—90cm，茎直立。叶对生，同一对叶不等大或近等大；叶片薄草质，茎中部的近五角形或圆卵形，顶端三或五骤尖，基部宽楔形或截状楔形，茎上部叶渐变小，常为卵形，顶部三或一骤尖，边缘自基部之上有牙齿，两面疏被短伏毛，下面有时近无毛，侧脉 1 对。穗状花序单生叶腋，雌雄异株，或雌雄同株，此时，茎上部的雌性，下部的雄性或两性（即含有雄的和雌的团伞花序），不分枝；团伞花序直径 1—3mm。雄花：无梗或有短梗，花被片 4，船状椭圆形，合生至中部，雄蕊 4，退化雌蕊椭圆形。雌花：花被狭椭圆形或椭圆形，顶端有 2 小齿，果期呈菱状倒卵形，瘦果近卵球形或椭圆球形，基部具短柄。花期 7—8 月，果期 8—9 月。

【分布与生境】秦岭南北坡均有分布，生于海拔 900—1500m 山谷林下阴湿处或山坡路旁。

【利用部位与用途】茎皮纤维坚韧，可供织麻布、拧绳索用。

【采收与加工】可在开花后（7—8 月），果实未成熟前采收，用镰刀割下麻秆后，进行水沤，刮去表皮，洗净杂质，晒干即成麻。

【资源开发与保护】本种与细野麻比较相似，但本种的叶先端具三骤尖，而细野麻没有。

糯米团

Gonostegia hirta (Bl.) Miq.
蒿苎麻、糯米菜、糯米芽
荨麻科 Urticaceae 糯米团属植物

【形态特征】多年生草本。茎蔓生、铺地或渐升，上部四棱形。叶对生，草本或膜质，窄披针形至卵形，先端渐尖，基部浅心形或圆。雌雄异株；团伞花序，雄花5基数，花被片倒披针形，雄蕊5，花丝条形，退化雌蕊极小，圆锥状。雌花花被菱状窄卵形，顶端具2小齿，果期卵形，具10纵肋。瘦果卵球形，白或黑色，有光泽。花期5月，果期9月。

【分布与生境】秦岭南坡普遍分布，生于海拔600—1200m山沟或山坡草地，喜生向阳湿润的地方。

【利用部位与用途】茎皮纤维含量64%，纤维长10—19mm，可制人造棉，供混纺或单纺。

【采收与加工】茎秆宜于秋季采收，剥下皮，置于水中浸泡10—15天，捞起后捶洗成麻。

【资源开发与保护】糯米团在秦岭南坡分布广泛，野生资源丰富。全草药用，治消化不良、食积胃痛等症，外用治血管神经性水肿、疔疮疖肿、乳腺炎、外伤出血等症。

紫麻

【形态特征】灌木，高1—3m；小枝褐紫色或淡褐色，上部常有粗毛或近贴生的柔毛。叶常生于枝的上部，卵形、狭卵形，先端渐尖或尾状渐尖，基部圆形，基出脉3，其侧出的一对，稍弧曲，与最下一对侧脉环结，侧脉2—3对，在近边缘处彼此环结。花序生于上年生枝和老枝上，几无梗，呈簇生状，团伞花簇径3—5mm。雄花花被片3，在下部合生，长圆状卵形，内弯；雄蕊3；退化雌蕊棒状。雌花无梗。瘦果卵球状，两侧稍压扁，宿存花被变深褐色，内果皮稍骨质，表面有多数细洼点；肉质花托浅盘状，围以果的基部，熟时则常增大呈壳斗状，包围着果的大部分。花期3—5月，果期6—10月。

【分布与生境】秦岭南坡有分布，生于海拔600—1000m山坡林下阴湿处或山谷溪流旁湿地。

【利用部位与用途】茎皮含纤维素40%，纤维细长坚韧，可供制绳索和人造棉。

【采收与加工】秋季采收剥皮，然后置于水中浸泡10—15天，捞起后捶洗成麻，若加工人造棉可用碱煮法。

【资源开发与保护】紫麻在秦岭的野生资源较少，其茎皮经提取纤维后，还可提取单宁；根、茎、叶入药，行气活血。

化香树

Platycarya strobilacea Sieb. et Zucc.
化香柳、麻柳树
胡桃科 Juglandaceae 化香树属植物

【形态特征】高大落叶乔木。奇数羽状复叶，具 7—23 枚小叶，小叶纸质，侧生小叶无叶柄，对生，卵状披针形或长椭圆状披针形，具锯齿，先端长渐尖，基部歪斜。雌雄同株，两性花序和雄花序在小枝顶端排列成伞房状花序束，直立；两性花序通常 1 条，着生于中央顶端，雌花序位于下部，雄花序部分位于上部，有时无雄花序而仅有雌花序；雄花序通常 3—8 条，位子两性花序下方四周。雄花：苞片阔卵形，顶端渐尖而向外弯曲；雄蕊 6—8 枚，花丝短，稍生细短柔毛，花药阔卵形，黄色。雌花：苞片卵状披针形，顶端长渐尖、硬而不外曲；花被 2，位于子房两侧并贴于子房，顶端与子房分离，背部具翅状的纵向隆起，与子房一同增大。果序球果状，卵状椭圆形至长椭圆状圆柱。花期 5—6 月，果期 7—8 月。

【分布与生境】秦岭南坡分布较广，生于海拔 2000m 以下的向阳山坡及杂木林中。

【利用部位与用途】树皮纤维素含量 66%，单纤维平均长度 27mm，能代麻搓绳或织麻袋。

【采收与加工】7—8 月间结合修枝，采割枝条，趁鲜从树枝中间折断后，向头撕扯剥皮，剥下的树皮晒干打捆，放通风处。

【资源开发与保护】秦岭化香树的野生资源有限，不建议采取野生资源。树皮、根皮、叶和果序均含鞣质，叶可作农药，根及老木含芳香油，种子可榨油。

华西枫杨

【形态特征】高大乔木，树高12—15m；树皮灰色或暗灰色，平滑，浅纵裂；小枝褐色或暗褐色。奇数羽状复叶，小叶7—13枚，边缘具细锯齿，侧脉15—23对，至叶缘成弧状联结，上面绿色，沿中脉密被星芒状柔毛，下面浅绿色；侧生小叶对生或近对生，卵形至长椭圆形，基部歪斜，圆形，顶端渐狭而成长渐尖，顶生小叶阔椭圆形至卵状长椭圆形。雄性葇荑花序3—4条各由叶丛下方的芽鳞痕的腋内生出。雄花具被有散生柔毛的苞片，雄蕊约9枚，无花丝。雌性葇荑花序单独顶生于小枝上叶丛上方，初时直立，后来俯垂，下端不生雌花部分具数枚狭长的不孕性苞片。果序长达45cm；果翅椭圆状圆形。花期5月，果期8—9月。

【分布与生境】秦岭南北坡均有分布，生于海拔1100—2500m山谷、山坡的杂木中。

【利用部位与用途】树皮含纤维，可代替麻搓绳，也可作造纸原料。

【采收与加工】作纤维用宜采1—3年生的枝条剥皮。可用水浸法脱胶。

【资源开发与保护】华西枫杨的叶和树皮也可制农药，煎汁能杀死蚜虫和其他害虫。秦岭华西枫杨的野生资源有限，不建议采割野生资源。

枫杨

Pterocarya stenoptera DC.
麻柳
胡桃科 Juglandaceae 枫杨属植物

【形态特征】高大乔木。偶数羽状复叶，稀奇数羽状复叶，叶轴具窄翅；小叶多枚，无柄，长椭圆形或长椭圆状披针形，先端短尖，基部楔形至圆，具内弯细锯齿。雄葇荑花序单生于去年生枝叶腋，雄花常具1枚发育的花被片，雄蕊5—12枚。雌葇荑花序顶生。果序长20—45cm，果长椭圆形，果翅条状长圆形。花期4—5月，果期8—9月。

【分布与生境】秦岭南坡有分布，生于海拔400—1500m山谷河流两旁的低湿地。关中地区常栽培作行道树。

【利用部位与用途】茎皮纤维坚韧，出麻率高达38%，可作麻类代用品，织麻袋、制绳索，亦可作为造纸和人造棉的原料。

【采收与加工】在春季或秋季，砍取枝条，除去小枝和叶子，趁鲜剥皮，再按老嫩长短扎捆。

【资源开发与保护】枫杨树皮和枝皮含鞣质，可提取栲胶，并可药用，能除风祛湿、解毒杀虫；果实可作饲料和酿酒，种子还可榨油。

南蛇藤

Celastrus orbiculatus Thunb.
大南蛇、降龙草
卫矛科 Celastraceae 南蛇藤属植物

【形态特征】藤状灌木。叶宽倒卵形、近圆形或椭圆形，先端圆，具小尖头或短渐尖，基部宽楔形或近圆，具锯齿，侧脉 3—5 对；雌雄异株，聚伞花序腋生，间有顶生；雄花萼片钝三角形；花瓣倒卵状椭圆形或长圆形，花盘浅杯状，裂片浅；雄蕊长 2—3mm；雌花花冠较雄花窄小；子房近球形；花盘稍深厚，肉质，柱头 3 深裂，退化雄蕊极短。蒴果近球形，鲜黄色。种子椭圆形，赤褐色。花期 5—6 月，果期 9—10 月。

【分布与生境】秦岭北坡有分布，生于海拔 1200—1700m 山坡丛林中。常缠绕于其他树木上。

【利用部位与用途】茎皮含全纤维素 33%，纤维长度 13—38mm，可作人造棉，能与羊毛混纺或单纺，并为造纸原料。

【采收与加工】3—4 月间采其 1—2 年生枝条，此类枝条纤维好，易剥皮。3 年以上老枝质量较次。砍下的枝条按长短扎成小捆，用木棒轻击，使树皮与木质部分离，即可将皮剥下。

【资源开发与保护】南蛇藤的根和果实入药。根皮可作农药。种子可榨油。

纤维植物

短梗南蛇藤

Celastrus rosthornianus Loes.
黄绳儿、丛花南蛇藤
卫矛科 Celastraceae 南蛇藤属植物

【形态特征】藤状灌木。叶椭圆形或倒卵状椭圆形，先端骤尖或短渐尖，基部楔形或宽楔形，具疏浅锯齿或基部近全缘，侧脉 4—6 对。雌雄异株，顶生总状聚伞花序，腋生花序短小，具 1 至数花，花序梗短。花绿白色，雄花萼片长圆形，边缘啮蚀状；花瓣近长圆形，花盘浅裂；雄蕊较花冠稍短；退化雌蕊细小；雌花中子房球形，柱头 3 裂，每裂再 2 深裂；退化雄蕊长短。蒴果近球形，淡黄色，果柄褐色。种子宽椭圆形，具橘红色的假种皮。花期 4—5 月，果期 8—10 月。

【分布与生境】秦岭南坡有分布，生于海拔 500—850m 山坡灌丛或荒山坡中。

【利用部位与用途】茎皮含纤维素 45%，且纤维质量较好，可制人造棉。

【采收与加工】4—5 月间，割下 1—2 年生枝条，去其分枝和梢叶，放入河中沤泡 3—5 天，以发酵脱皮为度，取出后剥皮，将剥下的皮用木棒轻捶，去掉胶质和外层粗皮，洗净晒干即成麻。

【资源开发与保护】秦岭短梗南蛇藤野生资源较丰富，其根皮入药，治蛇咬伤及肿毒，树皮及叶做农药。

苦皮藤

【形态特征】藤状灌木。小枝常具4—6纵棱，皮孔密生。叶大，长圆状宽椭圆形、宽卵形或圆形，先端圆，具渐尖头，基部圆，具钝锯齿，侧脉5—7对，在叶面明显突起。雌雄异株，聚伞圆锥花序顶生，下部分枝长于上部分枝，略呈塔锥形。花梗短，关节在顶部；花萼裂片三角形或卵形；花瓣长圆形，边缘不整齐；花盘肉质；雄蕊生于花盘之下，具长约1mm的退化雌蕊；雌花的子房球形，柱头反曲，具长约1mm退化雄蕊。蒴果近球形，棕色。种子椭圆形，外被橘红色假种皮。花期5—6月，果期8—10月。

【分布与生境】秦岭南北坡均有分布，生于海拔600—1500m山坡灌丛或荒山坡中。

【利用部位与用途】茎皮纤维素含量可达70%，单纤维平均长度为24.3mm，且纤维柔细、光滑，可作人造棉，供棉毛纺织之用，也可作为高级文化用纸的原料。

【采收与加工】4—5月间采其1—2年生枝条，此类枝条纤维好，易剥皮。3年以上老枝质量较次。砍下的枝条按长短扎成小捆，用木棒轻击，使树皮与木质部分离，即可将皮剥下。

【资源开发与保护】秦岭苦皮藤野生资源较丰富，其果皮和种仁油脂可供工业用；根皮和树皮可制作杀虫剂和灭菌剂。

银白杨

Populus alba L.

杨柳科 Salicaceae 柳属植物

【形态特征】乔木，高 15—30m。树干不直，雌株更歪斜；树冠宽阔。树皮白色至灰白色，平滑，下部常粗糙。小枝初被白色绒毛，萌条密被绒毛，圆筒形，灰绿或淡褐色。芽卵圆形，先端渐尖，密被白绒毛；萌枝和长枝叶卵圆形，掌状 3—5 浅裂，裂片先端钝尖，基部阔楔形、圆形或平截，或近心形，中裂片远大于侧裂片，边缘呈不规则凹缺，侧裂片几呈钝角开展，不裂或凹缺状浅裂；短枝叶较小，卵圆形或椭圆状卵形，先端钝尖，基部阔楔形、圆形，边缘有不规则且不对称的钝齿牙；上面光滑，下面被白色绒毛。雄花序长 3—6cm；花序轴有毛，苞片膜质，宽椭圆形，边缘有不规则齿牙和长毛；花盘有短梗，宽椭圆形，歪斜；雄蕊 8—10，花丝细长，花药紫红色；雌花序长 5—10cm，花序轴有毛，雌蕊具短柄，花柱短，柱头 2。蒴果细圆锥形，2 瓣裂。花期 4—5 月，果期 5 月。

【分布与生境】秦岭南北坡各地广泛栽培。银白杨喜大陆性气候，耐寒，深根性，抗风力强，对土壤条件要求不严，但以湿润肥沃的沙质土生长良好。

【利用部位与用途】茎皮含纤维，可作造纸原料。

【采收与加工】夏秋两季砍伐枝条。去掉小枝叶，趁鲜剥皮。

【资源开发与保护】银白杨树形高耸，枝叶美观，幼叶红艳，可作绿化树种。也为西北地区平原造林树种。木材纹理直，结构细，质轻软，可供建筑、家具等用。树皮可制栲胶；叶磨碎可驱臭虫。

垂柳

【形态特征】乔木，高达 12—18m，树冠开展而疏散。树皮灰黑色，不规则开裂；枝细，下垂，淡褐黄色、淡褐色或带紫色。叶狭披针形或线状披针形，先端长渐尖，基部楔形，上面绿色，下面色较淡，锯齿缘。花序先叶开放，或与叶同时开放；雄花序长 1.5—2(3)cm，有短梗，轴有毛；雄蕊 2，花丝与苞片近等长或较长，基部多少有长毛，花药红黄色；苞片披针形，外面有毛；腺体 2；雌花序长达 2—3cm，有梗，基部有 3—4 小叶，轴有毛；子房椭圆形，花柱短，柱头 2—4 深裂；苞片披针形，外面有毛；腺体 1。蒴果长 3—4mm，带绿黄褐色。花期 3—4 月，果期 4—5 月。

【分布与生境】秦岭南北坡各地广泛栽培，为道旁、水边等绿化树种。耐水湿，也能生于干旱处。

【利用部位与用途】茎皮含纤维，可作造纸原料；枝条可编制篮筐等用具。

【采收与加工】夏秋两季采剥。将枝条割下后，趁鲜剥皮，用浸水脱胶法取麻，柳条可供编织。

【资源开发与保护】垂柳为优美的绿化树种；木材可供制家具；树皮含鞣质，可提制栲胶。叶可作羊饲料。

山麻杆

Alchornea davidii Franch.
荷包麻
大戟科 Euphorbiaceae 山麻杆属植物

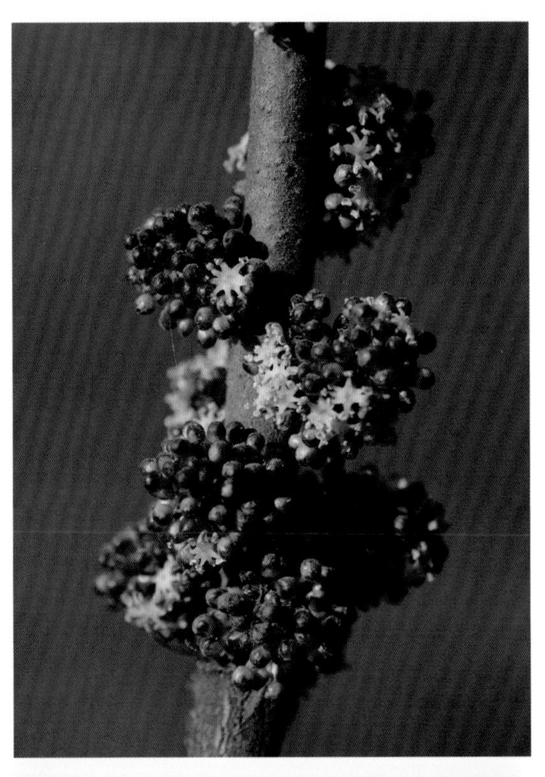

【形态特征】落叶灌木，高达 5m。幼枝被灰白色绒毛。叶宽卵形或近圆形，先端渐尖，基部近平截或心形，具 2 或 4 斑状腺体，具锯齿，基脉 3 出。雌雄异株；雄花序穗状，花序梗几无；苞片卵形。雄花 5—6 朵簇生苞腋；萼片 3—4；雄蕊 6—8。雌花序总状顶生，具花 4—7 朵。雌花，萼片 5，花柱 3，基部合生。蒴果近球形。种子卵状三角形，具小瘤体。花期 4—5 月，果期 6—8 月。

【分布与生境】秦岭南坡有分布，生于海拔 500—800m 低山区河谷两岸或河边的坡地灌丛中。

【利用部位与用途】茎皮纤维长，拉力强，可纺织作絮棉用，亦可作造纸原料。

【采收与加工】4—5 月间采收 1—2 年生枝条，趁鲜剥皮，剥下的皮晒干后收藏待用。

【资源开发与保护】山麻杆种子可榨油，供制肥皂用。叶可作饲料。

假奓包叶

【形态特征】灌木或小乔木，高 1.5—5m；小枝、叶柄、花序均密被白色或淡黄色长柔毛。叶纸质，卵形或卵状椭圆形，顶端渐尖，基部圆形或近截平，稀浅心形或阔楔形，边缘具锯齿；基出脉 3—5 条，侧脉 4—6 对；近基部两侧常具褐色斑状腺体 2—4 个。总状花序或下部多分枝呈圆锥花序；雄花 3—5 朵簇生于苞腋；花萼裂片 3—5，卵形顶端渐尖；雄蕊 35—60 枚，花丝纤细；腺体小，棒状圆锥形；雌花 1—2 朵生于苞腋，苞片披针形；花盘具圆齿，被毛；子房被黄色糙伏毛，花柱外反，2 深裂至近基部，密生羽毛状突起。蒴果扁球形。花期 5—7 月，果期 7—10 月。

【分布与生境】秦岭南北坡均有分布，生于海拔 400—1000m 的路旁、干燥乱石滩中或林中、山坡灌木丛中。

【利用部位与用途】茎皮纤维可作编织物。

【采收与加工】4—5 月间采收 1—2 年生枝条，趁鲜剥皮，剥下的皮晒干后收藏待用。

【资源开发与保护】假奓包叶种子可榨油。叶有毒，牲畜误食，会导致肝、肾损害。

亚麻

Linum usitatissimum L.
鸦麻、壁虱胡麻、山西胡麻
亚麻科 Linaceae 亚麻属植物

【形态特征】一年生草本。茎直立，高 30—120cm，多在上部分枝，基部木质化，无毛，韧皮部纤维强韧弹性，构造如棉。叶互生；叶片线形，线状披针形或披针形，先端锐尖，基部渐狭，无柄，内卷，有 3 出脉。花单生于枝顶或枝的上部叶腋，组成疏散的聚伞花序；花直立；萼片 5，卵形或卵状披针形，先端凸尖或长尖，有 3 脉；中央一脉明显凸起，边缘膜质，全缘，宿存；花瓣 5，倒卵形，蓝色或紫蓝色；雄蕊 5 枚，花丝基部合生；退化雄蕊 5 枚，钻状；子房 5 室，花柱 5 枚，分离，柱头比花柱微粗，细线状或棒状，长于或几等于雄蕊。蒴果球形，干后棕黄色，室间开裂成 5 瓣；种子 10 粒，长圆形，扁平，棕褐色。花期 6—8 月，果期 7—10 月。

【分布与生境】秦岭南北坡均有分布，生于海拔 1000—2700m 的山谷草地、路旁和荒山地等。

【利用部位与用途】韧皮部纤维构造如棉，细长而有光泽，强韧弹性，黄白色，为最优良纺织原料，用以纺织夏布、网系绳索和麻袋等及造纸。

【采收与加工】一般在 7—8 月采收，要在晴天用手连根拔起，平铺地面晒数小时后，捆成小捆。

【资源开发与保护】种子榨亚麻仁油，用作印刷墨、润滑剂和药用，在陕西北部、山西、云南等处被广泛食用。亚麻全草和种子入药，治疗疮疖痈肿、便秘及皮肤瘙痒等症。

青榨槭

【形态特征】落叶乔木，高达15m；树皮暗褐或灰褐色，纵裂成蛇皮状。幼枝紫绿色，老枝黄褐色。叶纸质，卵形或长卵形，先端渐尖，基部近心形或圆，具不整齐锯齿。总状花序顶生，下垂，花绿黄色。雄花与两性花同株；雄花序具9—12花；雌花序具15—30花。花黄绿色；萼片椭圆形；花瓣倒卵形；雄蕊8，在雄花中略长于花瓣，在两性花中不发育，花药黄色；子房被红褐色柔毛，在雄花中不发育，花柱细瘦，柱头反卷。翅果黄褐色，两翅成钝角或近水平。花期4月，果期9月。

【分布与生境】秦岭南北坡普遍分布，生于海拔1000—2100m的山坡丛林、路旁。适应性较强，喜生阔叶林中湿润肥沃地。

【利用部位与用途】树皮富含量纤维，且纤维较长，是很好的人造棉及造纸原料。

【采收与加工】四季均可采集，但以8—9月为佳，大树树皮纤维较幼树为好，采集时可配合森林部门伐木时进行剥皮，晒干即可。将剥下的树皮放入清水中浸泡7—8天，待纤维与木质素分离，用手轻撕成麻状，捞出捶洗干净，晒干即成麻。

【资源开发与保护】秦岭野生青榨槭资源较为丰富。且其生长迅速，树冠整齐，可用作绿化和造林树种。

茶条槭

Acer ginnala Maxim.
茶条、华北茶条槭
无患子科 Sapindaceae（槭树科 Aceraceae）槭属植物

【形态特征】落叶乔木，高达 15m；树皮灰色或暗灰色；当年生小枝老后褐色至深褐色。叶椭圆形至倒卵状椭圆形，少有为倒广卵形，基部稍不对称，宽楔形至近圆形或微心形，先端具尾状长尖，长尖常由平截状先端伸出，边缘具粗锯齿，两面无毛，或仅叶背疏生短柔毛或在中脉和侧脉上有毛；在萌发枝上的叶较大。果单生叶腋，果近球形至球状椭圆形，成熟时橙黄色至深褐色；核球状椭圆形，有四条纵肋，表面具明显网孔状凹陷，灰褐色。花期 4—5 月，果期 9—10 月。

【分布与生境】秦岭南北坡普遍分布，生于海拔 1000—2300m 的山坡丛林、山谷沟溪两岸。

【利用部位与用途】茎皮纤维素含量 57%，纤维平均长度 0.68mm，可作人造棉和造纸的原料。

【采收与加工】四季均可采集，以 8—9 月为佳，大树树皮纤维较幼树为好，采集时直接剥皮，晒干即可。将剥下的树皮放入清水中浸泡 7—8 天，待纤维与木质素分离，用手轻撕成麻状，捞出捶洗干净，晒干即成麻。

【资源开发与保护】秦岭野生茶条槭资源较为丰富。嫩叶烘干后可代替茶叶用为饮料，有降低血压的作用，又为夏季丝织工作人员一种特殊饮料，服后汗水落在丝绸上，无黄色斑点。种子榨油，可用以制造肥皂。树皮、叶和果实都含鞣质、可提制栲胶，又可为黑色染料。

扁担杆

【形态特征】灌木或小乔木，高达 4m；分多枝。叶窄菱状卵形，椭圆形或倒卵状椭圆形，先端锐尖，基部楔形，基出脉 3 条，两侧脉上行过半，边缘密生小齿。聚伞花序腋生，具多花，花两性；苞片钻形；萼片 5，窄长圆形；花瓣 5，比萼片短；腺体常为鳞片状，着生于花瓣基部；雌雄蕊柄短，雄蕊多数；离生；子房 2—4 室，每室有胚珠 2—8 颗，花柱单生，与萼片等长，柱头盘状。核果橙红色，有 2—4 分核。花 6—7 月，果期 8—9 月。

【分布与生境】秦岭南北坡普遍分布，生于海拔 500—2000m 的山坡丛林、沟谷路旁灌丛中。

【利用部位与用途】树皮含纤维 25.4%，纤维长 1.4mm 左右，且纤维色白、质软，可作人造棉，宜混纺或单纺。去皮的茎可作编织用。

【采收与加工】8—9 月间，果熟时摘下果实再割下枝条，用浸水脱胶法剥皮取麻，用刀刮去粗皮，浸泡 20 天左右，将皮捞出用木棒反复轻捶，在清水中冲洗，晒干即成洁白的麻。

【资源开发与保护】扁担杆在秦岭分布广，自然资源丰富，除作为纤维植物外，尚没有发现其他用途。

华椴

Tilia chinensis Maxim.
中国椴
锦葵科 Malvaceae（椴树科 Tiliaceae）椴树属植物

【形态特征】落叶乔木，高达 15m；树皮灰色或暗灰色；当年生小枝老后褐色至深褐色。叶椭圆形至倒卵状椭圆形，少有为倒广卵形，基部稍不对称，宽楔形至近圆形或微心形，先端具尾状长尖，长尖常由平截状先端伸出，边缘具粗锯齿，两面无毛，或仅叶背疏生短柔毛或在中脉和侧脉上有毛；在萌发枝上的叶较大。果单生叶腋，果近球形至球状椭圆形，成熟时橙黄色至深褐色；核球状椭圆形，有四条纵肋，表面具明显网孔状凹陷，灰褐色。花期 4—5 月，果期 9—10 月。

【分布与生境】秦岭南北坡均有分布，生于海拔 1500—2700m 的山坡林中。

【利用部位与用途】皮部含纤维 39% 以上，纤维坚韧，拉力较强，可代替麻制绳索、织麻袋、造纸等用。

【采收与加工】5—6 月间，采割椴树枝条，或剥取树皮，先刮去外皮，然后放入池塘中浸泡，浸泡时间依气候而定，一般春天浸泡 15 天左右，沤至纤维能分离时，取出后揉搓成麻，晒干即可。

【资源开发与保护】华椴木材轻软，色白，易于加工，适于制作家具、火柴杆及造纸等。

Firmiana platanifolia (L. f.) Marsili
青桐、桐麻
锦葵科 Malvaceae （梧桐科 Sterculiaceae）梧桐属植物

梧桐

【形态特征】落叶乔木，高达 16m；树皮青绿色，平滑。叶为单叶，心形，掌状 3—5 裂，裂片三角形，顶端渐尖，基部心形，基生脉 7 条，叶柄与叶片等长。圆锥花序顶生，花淡黄绿色；萼 5 深裂几至基部，萼片条形，向外卷曲；雄花的雌雄蕊柄与萼等长，下半部较粗，花药 15 个不规则地聚集在雌雄蕊柄的顶端，退化子房梨形且甚小；雌花的子房圆球形，被毛。蓇葖果膜质，有柄，成熟前开裂成叶状，每蓇葖果有种子 2—4 个；种子圆球形。花期 6—7 月，果期 9—10 月。

【分布与生境】秦岭南北坡平地栽培，生于海拔 400—850m 间，适于湿润黏质土壤，多栽培于村庄、田园或道路两旁。

【利用部位与用途】茎皮纤维素含量为 50%—71%，纤维素乳黄色，稍有丝光，可代麻、棉，织成麻织品包装布、麻袋及蚊帐布等；也为制打字用纸或制绳索原料。

【采收与加工】夏秋季采剪枝条，削去梢端、叶后，及时趁鲜剥皮，也可通过湿剥法剥皮，将剪下枝条投入水中沤泡 10—15 天，待水渗透，外皮膨胀脱去胶皮纤维易分离时，捞出清洗，并依层剥出麻片，搭在竹竿或绳子上晒干，即成白色的麻。

【资源开发与保护】梧桐为栽培于庭园的观赏树木。木材轻软，为制木匣和乐器的良材。种子炒熟可食或榨油，油为不干性油。茎、叶、花、果和种子均可药用，有清热解毒的功效。

苘麻

Abutilon theophrasti Medicus

白麻、青麻、桐麻

锦葵科 Malvaceae 苘麻属植物

【形态特征】一年生亚灌木状直立草本。茎枝被柔毛。叶互生，圆心形，先端长渐尖，基部心形，具细圆锯齿，两面密被星状柔毛。花单生叶腋。花萼杯状，密被绒毛，裂片5，卵状批针形；花冠黄色，花瓣5，倒卵形；雄蕊柱无毛；心皮15—20，顶端平截，轮状排列，密被软毛。分果半球形，分果爿15—20，被粗毛，顶端具2长芒。种子肾形，黑褐色，被星状柔毛。花期7—8月，果期9—10月。

【分布与生境】秦岭南北坡普遍分布，生于海拔1000m以下的路旁、荒地和田野间。

【利用部位与用途】茎皮纤维素含量66%，且纤维色白，具光泽，可编织麻袋、搓绳索、编麻鞋等纺织材料。

【采收与加工】8—9月间收割，将全株砍下，扎成小捆，放入水中，浸泡至适度，取出制麻。

【资源开发与保护】苘麻野生资源丰富，适应力强。种子含油量15%—16%，供制皂、油漆和工业用润滑油；种子作药用称“冬葵子”，润滑性利尿剂，并有通乳汁、消乳腺炎、顺产等功效。全草也作药用。

蜀葵

【形态特征】二年生直立草本，高达 2m，茎枝密被刺毛。叶近圆心形，掌状 5—7 浅裂或波状棱角，裂片三角形或圆形。花大型，单生于叶腋，或成顶生总状花序，具叶状苞片 6—9，基部合生。萼钟状，5 齿裂，裂片卵状三角形，密被星状粗硬毛；花单瓣或重瓣，倒卵状三角形，先端凹缺，基部狭，爪被长髯毛，有红、紫、白、粉红、黄和黑紫等色；雄蕊柱无毛，花丝纤细，花药黄色；花柱分枝多数。果盘状，分果爿近圆形，多数，具纵槽。花期 2—7 月，果期 5—10 月。

【分布与生境】秦岭南北坡均有野生或栽培。

【利用部位与用途】茎皮纤维有光泽，平均长度 22mm，可织麻袋、制绳索，亦可作人造棉。

【采收与加工】以植物花蕾尚未完全开放时进行采收为宜，若待花完全开放，其纤维木质化严重，质量下降。一般在 7—8 月采收后，立即剥皮晒干保存。

【资源开发与保护】蜀葵耐干旱、耐贫瘠、适应性极强，全国各地广泛栽培供园林观赏用。全草入药，有清热止血、消肿解毒之功效，治吐血、血崩等症。

木槿

Hibiscus syriacus Linn.
木棉、荆条
锦葵科 Malvaceae 木槿属植物

【形态特征】落叶灌木，高3—4m，小枝密被黄色星状绒毛。叶菱形至三角状卵形，具深浅不同的3裂或不裂，先端钝，基部楔形，边缘具不整齐齿缺。花单生于枝端叶腋间，小苞片6—8，线形，密被星状疏绒毛；花萼钟形，密被星状短绒毛，裂片5，三角形；花钟形，淡紫色，花瓣倒卵形，外面疏被纤毛和星状长柔毛；雄蕊柱长约3cm；花柱枝无毛。蒴果卵圆形，直径约12mm，密被黄色星状绒毛；种子肾形，背部被黄白色长柔毛。花期7—10月，果于花后渐次成熟。

【分布与生境】秦岭南北坡均有野生或栽培。

【利用部位与用途】茎皮含纤维素46%，纤维乳黄色，稍有丝光，富韧性，可搓绳、制麻袋，并可制人造棉及造纸。

【采收与加工】树皮全年均可采收，但以2—8月间采收较好。采回枝条岐除旁枝和叶，刮去外面粗皮，然后按老嫩扎成2—3kg的小捆，置阳光下晒一天后，放入水中浸泡，至皮上有白毛，表面黏滑，纤维与杆易分离时为止，取出后剥麻，洗净晒干即得木槿麻。

【资源开发与保护】木槿主供园林观赏用，或作绿篱材料；入药治疗皮肤癣疮。

结香

【形态特征】落叶灌木，高达 2m。茎皮极强韧；小枝粗，常 3 叉分枝，棕红或褐色。叶互生，纸质，椭圆状长圆形、披针形或倒披针形，基部楔形，两面被灰白色丝状柔毛，侧脉 10—20 对。先叶开花，头状花序顶生或侧生，下垂，有花 30—50 朵，结成绒球状，花序梗被白色长硬毛；花两性，芳香，无花瓣，萼筒黄色，先端 4 裂；雄蕊 8，2 轮，上轮 4 枚与花萼裂片对生，下轮与花萼裂片互生，花丝短，花药近卵形；子房椭圆形，顶部丛生白色丝状毛，花柱线形，柱头棒状，具乳突。花盘浅杯状。果卵形，绿色，顶端有毛。花期 3—4 月，果期 5—8 月。

【分布与生境】秦岭南北坡均有分布，生于海拔 600—2000m 的山坡、山谷林下及灌丛中，或栽培于村边及田埂。宜生于阴湿肥沃土地。

【利用部位与用途】茎皮纤维素含量为 41%，纤维长 2.9—4.5mm，纤维坚韧，可制打字蜡纸、皮纸、绵纸等高级文化用纸及人造棉。

【采收与加工】夏初至秋末进行砍伐剥皮用，砍取离地面 5cm 以上的茎枝，保留老根及幼苗。加工方法同黄瑞香。

【资源开发与保护】秦岭地区普遍栽培，可在修剪同时收集枝条，用于剥制纤维。结香花含挥发油，其主要化学成分有 2,2,6,6- 四甲基庚烷、2,2- 二甲基癸烷、3,6- 二甲基十一烷、2,6,6- 三甲基癸烷、石竹烯、α－松油醇、水杨酸甲脂等。结香全株入药能舒筋活络、消炎止痛，可治跌打损伤、风湿痛；也可作兽药，治牛跌打。

黄瑞香

Daphne giraldii Nitsche
祖师麻
瑞香科 Thymelaeaceae 瑞香属植物

【形态特征】落叶直立灌木，高 45—70cm；枝圆柱形，幼时橙黄色，有时上段紫褐色，老时灰褐色。叶互生，常密生于小枝上部，膜质，倒披针形，基部狭楔形，边缘全缘，上面绿色，下面带白霜，侧脉 8—10 对；叶柄极短或无。花两性，无花瓣，微芳香，常 3—8 朵组成顶生的头状花序；花序梗极短或无，花梗短；无苞片；花萼筒圆筒状，黄色，裂片 4，卵状三角形，覆瓦状排列，相对的 2 片较大或另一对较小；雄蕊 8，2 轮，均着生于花萼筒中部以上，花药长圆形，黄色；花盘不发达，浅盘状，边缘全缘；子房椭圆形，无花柱，柱头头状。果实卵形或近圆形，成熟时红色。花期 6 月，果期 7—8 月。

【分布与生境】秦岭南北坡普遍分布，生于海拔 1600—2500m 的灌丛或山地。

【利用部位与用途】茎皮纤维可制打字蜡纸、皮纸、绵纸等高级文化用纸及人造棉。

【采收与加工】6—9 月间，选取 1m 以上的植株，在离地面 4cm 以上砍下枝条，使其来年能长出新枝。枝条放在木甑内煮 1—2 小时，取出浇冷水，然后由根部至梢部将皮剥下，并用麻刀或竹刀将皮外黑壳去净，立即晒干，即可应用。

【资源开发与保护】黄瑞香在秦岭零散分布，蕴藏量不大。栽培供观赏用。茎皮及根皮可入药，能止痛、散血、补血，有麻醉性，有小毒。

芫花

Daphne genkwa Sieb. et Zucc.
闹鱼花、头痛花、闷头花
瑞香科 Thymelaeaceae 瑞香属植物

【形态特征】落叶灌木，高达 1m。多分枝，幼枝纤细，黄绿色，密被淡黄色丝状毛，老枝褐色或带紫红色，无毛。叶对生，纸质，卵形、卵状披针形或椭圆形，侧脉 5—7 对；叶柄长约 2mm，被灰色柔毛。花 3—7 朵簇生叶腋，淡紫红或紫色，先叶开花。花梗短；萼筒具裂片 4，卵形或长圆形；雄蕊 8，2 轮；分别着生于萼筒中部和上部，花盘环状，不发达；子房倒卵形，花柱短或几无花柱，柱头橘红色。果肉质，白色，椭圆形，包于宿存花萼下部，具种子 1 粒。花期 4—5 月，果期 6—7 月。
【分布与生境】秦岭南北坡普遍分布，生于海拔 600—2200m 的山坡、山谷路旁。适宜于肥沃湿润的土壤，也栽培于庭园中。
【利用部位与用途】茎皮含纤维素 80%，单纤维平均长度 15.20mm，且其纤维柔韧，为打字蜡纸、复写纸、牛皮纸等高级文化用纸的原料，亦可作人造棉。
【采收与加工】6—9 月间，选取 1m 以上的植株，在离地面 4cm 以上砍下枝条，使其来年能长出新枝。
【资源开发与保护】芫花在秦岭蕴藏量不大，需要人工栽培后，方可用于造纸。同时也是观赏植物；花蕾药用，为治水肿和祛痰药，根可毒鱼，全株可作农药，煮汁可杀虫，灭天牛效果良好。

柽柳

Tamarix chinensis Lour

三春柳、红筋条、红柳

柽柳科 Tamaricaceae 柽柳属植物

【形态特征】小乔木或灌木，高达8m。幼枝稠密纤细，常开展而下垂，红紫或暗紫红色，有光泽。叶鲜绿色，钻形或卵状披针形，长1—3mm，背面有龙骨状突起，先端内弯。每年开花2—3次；春季总状花序侧生于去年生小枝，长3—6cm，下垂；夏秋总状花序，长3—5cm，生于当年生枝顶端，组成顶生长圆形或窄三角形。花梗纤花瓣卵状椭圆形或椭圆裂片再裂成10裂片状，紫红色，肉质；雄蕊5，花丝着生于花盘裂片间；花柱3，棍棒状。蒴果圆锥形，长3.5mm。花期7—9月，果期8—10月。

【分布与生境】秦岭南北坡均有栽培。适应性强，耐涝、耐旱、耐贫瘠，喜生于盐碱性砂土及河岸间。

【利用部位与用途】枝条细而柔软，可编筐篓和农具。

【采收与加工】夏秋季节，剥取枝条，除去侧枝及细小枝梢，选择粗壮坚实的枝条置于水中，等其变软后取出，供编织用。

【资源开发与保护】柽柳木材、枝、叶可药用。树皮可提制栲胶。

香果树

【形态特征】落叶大乔木，高达 30m，胸径达 1m；树皮灰褐色、鳞片状。叶纸质或革质，阔椭圆形、阔卵形或卵状椭圆形，顶端短尖或骤然渐尖，基部短尖或阔楔形，全缘；侧脉 5—9 对，在下面凸起。圆锥状聚伞花序顶生；花芳香，变态的叶状萼裂片白色、淡红色或淡黄色，纸质或革质，匙状卵形或广椭圆形；花冠漏斗形，白色或黄色，被黄白色绒毛，裂片近圆形；花丝被绒毛。蒴果长圆状卵形或近纺锤形，有纵细棱；种子多数，小而有阔翅。花期 6—8 月，果期 8—11 月。

【分布与生境】秦岭南坡有分布，生于海拔 900m 左右的山坡及路边。喜湿润而肥沃的土壤，耐涝。

【利用部位与用途】枝条纤维柔细，可制蜡纸及作人造棉原料。

【采收与加工】7—9 月采枝条，并用刀刮去粗皮再趁鲜剥皮。

【资源开发与保护】香果树为国家二级保护植物，在秦岭山中已处于濒危状态。其树干高耸，花美丽，可作庭园观赏树。木材无边材和心材的明显区别，纹理直，结构细，供制家具和建筑用。

鸡矢藤

Paederia scandens (Lour.) Merr.
女青
茜草科 Rubiaceae 鸡矢藤属

【形态特征】缠绕藤本。叶对生，纸质或近革质，形状变化很大，卵形、卵状长圆形至披针形，顶端急尖或渐尖，基部楔形或近圆或截平；侧脉每边4—6条，纤细。圆锥花序式的聚伞花序腋生和顶生，扩展，分枝对生，末次分枝上着生的花常呈蝎尾状排列；花具短梗或无；萼管陀螺形，萼檐裂片5，裂片三角形；花冠浅紫色，管长7—10mm，顶部5裂，顶端急尖而直，花药背着，花丝长短不齐。果球形，成熟时近黄色，有光泽，平滑，顶冠以宿存的萼檐裂片和花盘；小坚果无翅，浅黑色。花期6—7月，果期8—9月。

【分布与生境】秦岭南北坡普遍分布，生于海拔500—1700m的山坡荒地、河谷及路旁灌丛中。常攀缘于其他植物或岩石上。

【利用部位与用途】茎皮纤维色白且质地软，可作为造纸和人造棉的原料。

【采收与加工】夏秋季间采割较成熟的茎条，此时纤维质量好，易于剥制。

【资源开发与保护】鸡矢藤野生资源十分丰富，自然繁殖能力强，分布广泛，可进一步开发利用。作为药用，主治风湿筋骨痛、跌打损伤、外伤性疼痛、肝胆及胃肠绞痛、黄疸型肝炎、肠炎、痢疾、消化不良、小儿疳积、肺结核咯血、支气管炎、放射反应引起的白细胞减少症、农药中毒；外用治皮炎、湿疹、疮疡肿毒。

络石

【形态特征】常绿木质藤本，长达 10m，具乳汁；茎赤褐色。叶革质或近革质，椭圆形至卵状椭圆形或宽倒卵形，顶端锐尖至渐尖或钝，有时微凹或有小凸尖，基部渐狭至钝，侧脉每边 6—12 条。二歧聚伞花序腋生或顶生，花多朵组成圆锥状，与叶等长或较长；花白色，芳香。花萼 5 深裂，裂片线状披针形，顶部反卷；花蕾顶端钝，花冠筒圆筒形，中部膨大，内面在喉部及雄蕊着生处被短柔毛；雄蕊着生在花冠筒中部，腹部粘生在柱头上，花药箭头状，基部具耳，隐藏在花喉内；花盘环状 5 裂与子房等长；子房由 2 个离生心皮组成，花柱圆柱状，柱头卵圆形，顶端全缘；每心皮有胚珠多颗，着生于 2 个并生的侧膜胎座上。蓇葖双生，叉开。花期 3—7 月，果期 7—12 月。

【分布与生境】秦岭南北坡均有分布，生于海拔 500—800m 的山野、河边、林缘或杂木林中，常缠绕树上或攀缘墙上或岩石上。

【利用部位与用途】茎皮纤维拉力强，可制绳索、造纸及人造棉。

【采收与加工】7—10 月采收，将采来的茎扎成小捆，放入锅中加水煮 1—2 小时，捞出剥皮。

【资源开发与保护】秦岭络石的野生资源较为丰富。其根、茎、叶、果实供药用，有祛风活络、利关节、止血、止痛消肿、清热解毒之效。络石乳汁有毒，对心脏有毒害作用。

夹竹桃

Nerium indicum Mill.
红花夹竹桃，柳叶桃树
夹竹桃科 Apocynaceae 夹竹桃属植物

【形态特征】常绿灌木，高达 5m，枝条灰绿色。叶 3—4 枚轮生，下枝为对生，窄披针形，顶端急尖，基部楔形，叶缘反卷，叶面深绿，叶背浅绿色；中脉在叶面陷入，在叶背凸起。聚伞花序顶生，着花数朵；花芳香；花萼 5 深裂，红色，披针形，内面基部具腺体；花冠深红色或粉红色，花冠为单瓣呈 5 裂时，其花冠为漏斗状，花冠筒圆筒形，上部扩大呈钟形，花冠筒内面被长柔毛，花冠喉部具 5 片宽鳞片状副花冠，每片其顶端撕裂，并伸出花冠喉部之外，花冠裂片倒卵形，顶端圆形；花冠为重瓣呈 15—18 枚时，裂片组成三轮，内轮为漏斗状，外面二轮为辐状，分裂至基部或每 2—3 片基部连合；雄蕊着生在花冠筒中部以上，花丝短，与柱头连生，基部具耳，顶端渐尖，药隔延长呈丝状。心皮 2，离生，花柱丝状，柱头近球圆形；每心皮有胚珠多颗。蓇葖 2，离生。花期几乎全年，夏秋为最盛；果期一般在冬春季，栽培很少结果。

【分布与生境】秦岭各地均有栽培。常在公园、风景区、道路旁或河旁、湖旁周围栽培。

【利用部位与用途】茎韧皮纤维为很好的高级混纺原料，70% 的夹竹桃人造纤维与 30% 棉花混纺，再以 21 支棉糸作经纱，织成的平布、帆布可供衣着用；亦可单纺，或用于绳索及造纸。

【采收与加工】四季均可采收枝条，采下将其放入水中，天然发酵，然后剥皮。

【资源开发与保护】夹竹桃花大、艳丽、花期长，常作观赏；用插条、压条繁殖，极易成活。种子含油量约为 58.5%，可榨油供制润滑油。叶、树皮、根、花、种子均含有多种配醣体，毒性极强，人、畜误食能致死。叶、茎皮可提制强心剂，但有毒，用时需慎重。

杠柳

【形态特征】落叶蔓性灌木，长可达 1.5m。具乳汁，除花外全株无毛。叶对生，膜质，卵状矩圆形，长 5—9cm，宽 1.5—2.5cm，顶端渐尖，基部楔形；侧脉多数。聚伞花序腋生，有花几朵；花冠紫红色，花冠裂片 5 枚，中间加厚，反折；副花冠环状，顶端 5 裂，裂片丝状伸长，被柔毛；花粉颗粒状，藏在直立匙形的载粉器内。蓇葖果双生，圆箸状；种子长圆形，顶端具白绢质种毛。花期 5—6 月，果期 7—9 月。

【分布与生境】秦岭南北坡均有分布，生于平原沙质山坡及低山丘的林缘、沟岸、河边沙质地或地埂等处。根系深，耐旱力强，适应性广；在干燥山坡、砂地、砾石山坡、红土、碱性土壤和海滨等地都能生长。

【利用部位与用途】茎皮纤维为优质人造棉原料，也可制绳和造纸。

【采收与加工】6—7 月间，适量采割植株，趁鲜剥皮。

【资源开发与保护】杠柳适应性强，野生资源丰富。根皮、茎皮可药用，能祛风湿、壮筋骨、强腰膝；治风湿关节炎、筋骨痛等。

罗布麻

Apocynum venetum L.

野麻、红麻、草夹竹桃

夹竹桃科 Apocynaceae 罗布麻属植物

【形态特征】直立半灌木，高 1.5—3m，具乳汁；枝条对生或互生，圆筒形，紫红色或淡红色。叶对生，叶片椭圆状披针形至卵圆状长圆形，具短尖头，基部急尖至钝，叶缘具细牙齿，侧脉每边 10—15 条。圆锥状聚伞花序一至多歧，通常顶生，有时腋生；花萼 5 深裂，裂片披针形或卵圆状披针形；花冠圆筒状钟形，紫红色或粉红色，两面密被颗粒状突起，花冠裂片基部向右覆盖，裂片卵圆状长圆形，顶端钝或浑圆，与花冠筒几乎等长；雄蕊着生在花冠筒基部，与副花冠裂片互生，花丝短，密被白绒毛；雌蕊花柱短，上部膨大，下部缩小，柱头基部盘状，顶端钝，2 裂；子房由 2 枚离生心皮所组成，被白色茸毛，每心皮有胚珠多数；花盘环状，肉质，顶端不规则 5 裂，基部合生，环绕子房，着生在花托上。蓇葖 2，外果皮棕色。花期 4—9 月，果期 7—12 月。

【分布与生境】秦岭北坡的渭河流域有分布；主要在河流两岸、冲积平原、河泊周围。

【利用部位与用途】茎皮纤维具有细长柔韧而有光泽。耐腐、耐磨、耐拉的优质性能，为高级衣料、渔网丝、皮革线、高级用纸等原料。在国防工业、航空、航海，车胎帘布带、机器传动带、橡皮艇、高级雨衣等方面均有用途。

【采收与加工】夏至冬季每年可收割三次，一般多在秋末采收；将割回的茎杆剪去分枝扎成小把，置于锅中蒸煮 1—2 小时，用手搓皮即脱为止，捞于冷水中，然后剥皮并晒干。

【资源开发与保护】罗布麻叶含胶量达 4%—5% 作轮胎原料；嫩叶蒸炒揉制后当茶叶饮用，有清凉去火、防止头晕和强心的功用；种毛白色绢质，可作填充物。麻秆剥皮后可作保暖建筑材料。根部含有生物碱供药用。本种花多，美丽、芳香，花期较长，具有发达的蜜腺，是一种良好的蜜源植物。

苦绳

Dregea sinensis Hemsl.

夹竹桃科 Apocynaceae 南山藤属植物

【形态特征】攀缘木质藤本；茎具皮孔。叶纸质，卵状心形或近圆形；侧脉每边约5条。伞形状聚伞花序腋生，着花多达20朵；花萼裂片卵圆形至卵状长圆形，花萼内面基部有5个腺体；花冠内面紫红色，外面白色，辐状，裂片卵圆形；副花冠裂片肉质，肿胀，端部内角锐尖；花药顶端具膜片；花粉块长圆形，直立；心皮离生，柱头圆锥状，基部五角形，顶端2裂。蓇葖狭披针形，外果皮具波纹，被短柔毛；种子扁平，卵状长圆形，顶端具白色绢质种毛。花期4—8月，果期7—10月。

【分布与生境】秦岭南坡有分布，生于海拔500—3000m的山坡疏林或灌木丛中。

【利用部位与用途】茎皮纤维可制人造棉；种毛可作填充物。

【采收与加工】7—9月采收，除去旁枝、叶，趁鲜剥皮。

【资源开发与保护】苦绳全株药用，民间用作催乳、止咳、祛风湿；叶外敷可治外伤肿痛、痈疖、骨折等。

黄荆

Vitex negundo L.
荆条、荆
唇形科 Lamiaceae 牡荆属植物

【形态特征】灌木或小乔木；小枝四棱形，密生灰白色绒毛。掌状复叶，小叶 5，少有 3；小叶片长圆状披针形至披针形，顶端渐尖，基部楔形，全缘或每边有少数粗锯齿，表面绿色，背面密生灰白色绒毛；中间小叶长，两侧小叶依次减小，若具 5 小叶时，中间 3 片小叶有柄，最外侧的 2 片小叶无柄或近于无柄。聚伞花序排成圆锥花序式，顶生，花序梗密生灰白色绒毛；花萼钟状，顶端有 5 裂齿，外有灰白色绒毛；花冠淡紫色，外有微柔毛，顶端 5 裂，二唇形；雄蕊伸出花冠管外；子房近无毛。核果近球形，径约 2mm；宿萼接近果实的长度。花期 4—6 月，果期 7—10 月。

【分布与生境】秦岭南坡有分布，生于海拔 400—1500m 的山坡路旁或沟谷。性耐干旱。

【利用部位与用途】枝条可供编制筐及土萁等，结实耐用；茎皮纤维可造纸及制人造棉。

【采收与加工】作纤维及编织用，秋季采集为宜，选择杆直分枝少的割下，去掉侧小枝叶，晒干即可。

【资源开发与保护】黄荆的枝叶芳香油含量 0.5%—0.7%，花和枝叶可提芳香油，将枝叶切碎，用水蒸气蒸馏法提取。茎叶治久痢；种子为清凉性镇静、镇痛药；根可以驱虫。

向日葵

Helianthus annuus L.
葵花
菊科 Compositae 向日葵属植物

【形态特征】一年生高大草本。茎直立，高1—3m，粗壮，被白色粗硬毛。叶互生，心状卵圆形或卵圆形，顶端急尖或渐尖，有三基出脉，边缘有粗锯齿，两面被短糙毛，有长柄。头状花序极大，单生于茎端或枝端，常下倾。总苞片多层，叶质，覆瓦状排列，卵形至卵状披针形。舌状花多数，黄色、舌片开展，长圆状卵形或长圆形，不结实。管状花极多数，棕色或紫色，有披针形裂片，结果实。瘦果倒卵形或卵状长圆形，稍扁压，上端有2个膜片状早落的冠毛。花期7—9月，果期8—9月。

【分布与生境】秦岭南北坡广泛栽培。适应性强，耐旱，耐瘠，耐盐碱。

【利用部位与用途】茎皮含纤维35%，可制人造丝；代麻织麻袋，茎杆可制隔音板，也可用作造纸原料。

【采收与加工】夏至秋季，种子成熟后，离地面砍下茎杆，去叶即可。

【资源开发与保护】种子含油量很高，为半干性油，味香可口，供食用。向日葵适应性强，也是盐碱地改造先锋植物。

油脂植物

油脂、蛋白质、糖类同为人类食物的主要营养物质，但因油脂的构成元素中含有大量的碳和少量的氧，而与蛋白质和糖类的组成有显著的不同，因此，油脂在人体内分解后比蛋白质、糖类能释放更多的热量。1g 脂肪在完全燃烧后能释放 9300k 的热量，而 1g 蛋白质只有 5600k，1g 糖类只有 4100k。脂肪可发出的热能比蛋白质、糖类几乎高一倍，因此，油脂在人类食物中的重要性不言而喻。

油脂在工业中的应用也极为广泛，用油脂所生产的肥皂，是最普遍的日用必需品。油脂制润滑剂，用于机械仪表的润滑；油脂制造的硬化油，用于油漆涂料，供房屋建筑、机器、船舶、日用器具等的涂刷，使这些物品经油漆涂刷后，不但能够经久耐用，而且美丽悦目，容易保持清洁卫生。

油脂经过加水分解而得脂肪酸和甘油，在食品工业、医药工业、日用化工、橡胶工业、纺织印染、皮革工业、金属加工、油漆油墨等工业广泛应用。

我国野生油脂植物资源丰富，据不完全统计有 400 种以上，分别隶属于近 100 个科，其中尤以樟科、大戟科、芸香科、豆科、蔷薇科、菊科、山茶科、忍冬科、卫矛科、十字花科等植物种类量多，含油亦丰富。这些植物都可作为工业原料，而且一部分可供食用，一部分可以入药，榨油后的油麸还可以用作肥料，改良土壤，提高作物产量，一部分还可作为牲畜饲料，发展畜牧业。

我国主要栽培油料作物含油量花生是 40%—50%、芝麻是 45%—55%、向日葵 35%—55%，油菜籽 38%—40%、大豆 16%—25%、油桐子 40%—60%，野生油脂植物不少种类的含油量不低于栽培的油脂作物，如榛子仁 62%—65%、樟树籽 64%、黄连木籽 56%、播娘蒿 44%、无患子 42%、梧桐籽 39%。

植物的根、茎、叶、花、果和种子都可能含有油脂，由于部位不同，含量也有差异，根、茎、叶的含量较小，果实和种子中贮存量最多。现在的植物油脂绝大部分是从植物的种子和果实中提取的。植物果实和种子虽然含有油脂最多，但不同的成熟时期，含油脂量也有差别。一般是果实未成熟时，含碳水化合物多，含油脂少，果实成熟时期则含油脂较多。例如黄连木籽在未熟时采摘，出油率低，老熟的时候，含油量才增多。

植物的种类及所生长的环境对含油量和油脂的成分密切相关。种类不同，含油量也不同，油脂的成分也有差异，例如蓖麻油含有蓖麻酸，桐油含有桐酸，十字花科的植物都含有大量的芥酸。植物生长的气候条件不同，油脂的组成成分也有所不同。例如热带植物的油脂含饱和脂肪酸的甘油酯较多，在常温下是固体，如椰子油等；寒带和温带植物的油脂含不饱和脂肪酸的甘油酯较多，在常温下是液体，例如山鸡椒油、苍耳子油等。同一种植物，由于生长的环境不同，所含油脂的脂肪酸组成比例可能也有差异，例如俄罗斯生产的向日葵油所含亚麻油酸的量比热带所产的高。

如上所述，植物的种类、部位、成熟时期、生长环境等都和植物的含油量等有关。因此，在采收利用时必须掌握这些情况。

铁杉

Tsuga chinensis (Franch.) Pritz.
假花板、仙柏、铁林刺
松科 Pinaceae 铁杉属植物

【形态特征】常绿乔木，高达 50m；树皮暗深灰色，纵裂，成块状脱落；大枝平展，枝稍下垂，树冠塔形；一年生枝细，淡黄色、淡褐黄色或淡灰黄色。叶条形，排列成两列，长 1.2—2.7cm，宽 2—3mm，先端钝圆有凹缺，上面光绿色，下面淡绿色，中脉隆起无凹槽，气孔带灰绿色，边缘全缘。球果卵圆形或长卵圆形，长 1.5—2.5cm，径 1.2—1.6cm，具短梗；中部种鳞五边状卵形、近方形或近圆形，上部圆或近于截形，边缘薄、微向内曲，基部两侧耳状，鳞背露出部分和边缘无毛，有光泽；苞鳞倒三角状楔形或斜方形，上部边缘有细缺齿，先端二裂；种子下表面有油点，连同种翅长 7—9mm，种翅上部较窄；子叶 3—4 枚，条形，先端钝，边缘全缘，上面中脉隆起，有散生白色气孔点。花期 4 月，球果 10 月成熟。

【分布与生境】秦岭南北坡均有分布，多生于海拔 2000—2500m 之间的山坡。喜生于雨量高、云雾多、相对湿度大、气候凉润、土壤酸性及排水良好的山区。

【利用部位与用途】种子含油量 52%，出油率 41%。种子油供制肥皂、润滑油及其他工业用油。

【采收与加工】秋季种子成熟时采摘，晒干后果鳞开展，打出种子，搓除种翅即可。

【资源开发与保护】铁杉为我国特有属，野生资源较少，应加以保护。木材纹理直，结构细而均匀，材质坚实，耐水湿。可供建筑、飞机、舟车、家具、器具及木纤维工业原料等用材。树干可割取树脂，树皮含鞣质，可提烤胶。

粗榧

Cephalotaxus sinensis (Rehd. et Wils.) Li
榧子
三尖杉科 Cephalotaxaceae 三尖杉属

【形态特征】常绿小乔木；树皮灰色或灰褐色，裂成薄片状脱落。叶线形，排列成两列，质地较厚，基部近圆形，几无柄，上部通常与中下部等宽或微窄，先端通常渐尖或微急尖，上面中脉明显，下面有两条白色气孔带，叶肉中有星状石细胞。雄球花 6—7 聚生成头状，基部及花序梗上有多数苞片；雄球花卵圆形，基部有 1 苞片，雄蕊 4—11，花丝短，花药多为 3。种子通常 2—5，卵圆形、椭圆状卵圆形或近球形，顶端中央有一小尖头。花期 3—4 月，种子 8—10 月成熟。

【分布与生境】秦岭南北坡均有分布，生于海拔 1500m 以下的花岗岩、砂岩及石灰岩山地。

【利用部位与用途】种子含油量 50%，出油率 25%。种子油供制肥皂、润滑油、发油等，精制后亦可食用。

【采收与加工】秋季种子成熟时采摘，搓除外皮，取种仁晒干。

【资源开发与保护】三尖杉属为我国特有属，野生资源较少，应加以保护。粗榧木材结构细致，材质优良，宜作器具、家具、农具、文具、工艺及细木工用材；树皮可提栲胶。

厚朴

【形态特征】落叶乔木，树皮厚，紫褐色，油润而带辛辣味；枝粗壮，开展，幼枝淡黄色，有绢状毛；顶芽大，窄卵状圆锥形。叶革质，倒卵形或倒卵状椭圆形，顶端圆形、钝尖或短突尖，基部楔形或圆形，全缘或微波状，下面有白色粉状物。花与叶同时开放，单生于幼枝顶端，白色，有芳香，直径约 15cm；花被片 9—12 或更多。聚合果长椭圆状卵形，长约 12cm；蓇葖木质。花期 5—6 月，果期 8—10 月。

【分布与生境】秦岭南北坡多栽培。

【利用部位与用途】种子含油量 35%，出油率 25%。种子油可制肥皂。

【采收与加工】当果实外壳裂开，种子颜色变红时即可采收。

【资源开发与保护】厚朴为我国特有的保护植物，其树皮为传统中药，历代剥皮取药，致树枯死，野生资源日益减少，应严加保护。厚朴树皮、根皮、花、种子及芽皆可入药，以树皮为主，为著名中药，有化湿导滞、行气平喘、化食消痰、祛风镇痛之效；种子有明目益气功效，芽作妇科药用。厚朴木材供建筑、板料、家具、雕刻、乐器、细木工等用。叶大荫浓，花大美丽，可作绿化观赏树种。

凹叶厚朴

Magnolia officinalis Rehd. et Wils. subsp. *biloba* (Rehd. et Wils.) Law

木兰科 Magnoliaceae 木兰属植物

【形态特征】落叶乔木，树皮厚，紫褐色，油润而带辛辣味；枝粗壮，开展，幼枝淡黄色，有绢状毛；顶芽大，窄卵状圆锥形。叶革质，倒卵形或倒卵状椭圆形，先端凹缺，成2钝圆的浅裂片，基部楔形或圆形，全缘或微波状，下面有白色粉状物。花与叶同时开放，单生于幼枝顶端，白色，有芳香，直径约15cm；花被片9—12或更多。聚合果长椭圆状卵形，基部较窄，长约12cm；蓇葖木质。花期4—5月，果期8—10月。

【分布与生境】秦岭南坡有栽培。

【利用部位与用途】种子含油量35%，出油率25%。种子油可制肥皂。

【采收与加工】当果实外壳裂开，种子颜色变红时即可采收。

【资源开发与保护】凹叶厚朴为厚朴亚种，也为我国特有的保护植物，其树皮入药，功效同厚朴而稍差，花芽、种子亦供药用。凹叶厚朴木材供板料、家具、雕刻、细木工、乐器、铅笔杆等用。叶大荫浓，花大美丽，可作绿化观赏树种。

宜昌润楠

【形态特征】常绿乔木，高 7—15m，树冠卵形。小枝纤细而短，褐红色。顶芽近球形，芽鳞. 近圆形，先端有小尖，外面有灰白色很快脱落小柔毛，边缘常有浓密的缘毛。叶常集生当年生枝上，长圆状披针形至长圆状倒披针形，先端短渐尖，有时尖头稍呈镰形，基部楔形，坚纸质，中脉上面凹下，下面明显突起，侧脉纤细，每边 12—17 条。圆锥花序生自当年生枝基部脱落苞片的腋内，总梗纤细，带紫红色，约在中部分枝，下部分枝有花 2—3 朵，较上部的有花 1 朵；花两性，白色，花被裂片先端钝圆，外轮的稍狭；雄蕊较花被稍短，近等长；花药长圆形，第三轮雄蕊腺体近球形，有柄；退化雄蕊三角形，稍尖，基部平截，连柄长约 1.8mm；子房近球形，花柱长 3mm，柱头小，头状。果序长 6—9cm；果近球形，直径约 1cm，黑色。花期 4—5 月，果期 8—9 月。

【分布与生境】秦岭南坡有分布，但不常见；生于海拔 560—1400m 的山坡或山谷疏林下。以湿润而肥沃的山谷地生长更好。

【利用部位与用途】种子含油量 50%。种子油可制肥皂、润滑油。

【采收与加工】8—9 月果实成熟时采下，搓除果皮，洗净果核，晒干，即可榨油。

【资源开发与保护】秦岭南坡是宜昌润楠分布的北缘。其树皮可作褐色染料。茎叶及树皮供药用。

鸭跖草

Commelina communis Linn
鸭鹊草、蓝花草
鸭跖草科 Commelinaceae 鸭跖草属植物

【形态特征】一年生披散草本，茎下部匍匐生根、长可达 1m。叶披针形至卵状披针形。总苞片佛焰苞状，与叶对生，心形，稍镰刀状弯曲，顶端短急尖；聚伞花序有花数朵，略伸出佛焰苞；萼片膜质，内面 2 枚常靠近或合生；花瓣深蓝色，有长爪；雄蕊 6 枚，3 枚能育而长，3 枚退化雄蕊顶端成蝴蝶状，花丝无毛。蒴果椭圆形，2 室，成熟后开裂，种子 4 枚，具不规则窝孔。花期 7—9 月，果期 8—10 月。

【分布与生境】秦岭南北坡均分布，生长于山沟林缘、田埂等湿润处，土壤松软处极易生长。

【利用部位与用途】种子含油量 25%—40%，种子油可制肥皂。

【采收与加工】果实将成熟时采收，采回后晒干，打出种子即可榨油。

【资源开发与保护】鸭跖草适应力极强，资源十分丰富，可进一步开发利用。其全草入药，为消肿利尿、清热解毒之良药，此外对睑腺炎、咽炎、扁桃腺炎、宫颈糜烂、腹蛇咬伤有良好疗效。

蝙蝠葛

Menispermum dauricum DC.
北山豆根、山豆根
防己科 Menispermaceae 蝙蝠葛属植物

【形态特征】质落叶藤本，藤茎长可达 10m，根状茎褐色，垂直生，茎自位于近顶部的侧芽生出。叶纸质或近膜质，轮廓通常为心状扁圆形，边缘有 3—9 角或 3—9 裂，基部心形至近截平，两面无毛，下面有白粉；掌状脉 9—12 条，其中向基部伸展的 3—5 条很纤细，均在背面凸起；叶柄长 3—10cm，有条纹。圆锥花序单生或有时双生，有细长的总梗，有花数朵至 20 余朵，花密集成稍疏散，花梗纤细。雄花：萼片 4—8，膜质，绿黄色，倒披针形至倒卵状椭圆形，自外至内渐大；花瓣 6—8 或多至 9—12 片，肉质，凹成兜状，有短爪；雄蕊通常 12。雌花：退化雄蕊 6—12，雌蕊群具长 0.5—1mm 的柄。核果紫黑色；基部弯缺深约 3mm。花期 6—7 月，果期 8—9 月。

【分布与生境】秦岭北坡普遍分布，南坡较少，生于海拔 1500m 以下的田边、路旁或石砾滩地。

【利用部位与用途】种子含油量 17%，种子榨油可供工业用。

【采收与加工】9 月果实将成熟时采收，采后堆积或置缸内使其发酵，然后用水洗去果肉，晒干种子即可榨油。

【资源开发与保护】蝙蝠葛根和藤茎药用，具有降血压、解热、镇痛功效。

大叶铁线莲

Clematis heracleifolia DC.

木通花、草牡丹

毛茛科 Ranunculaceae 铁线莲属植物

【形态特征】直立粗壮草本。高 0.3—1m，有粗大的主根，木质化，表面棕黄色。三出复叶；小叶片亚革质或厚纸质，卵圆形，宽卵圆形至近于圆形，顶端短尖基部圆形或楔形，有时偏斜，边缘有不整齐的粗锯齿，齿尖有短尖头。聚伞花序顶生或腋生，花梗粗壮，有淡白色的糙绒毛，每花下有一枚线状披针形的苞片；花杂性，雄花与两性花异株；花直径 2—3cm，花萼下半部呈管状，顶端常反卷；萼片 4 枚，蓝紫色，长椭圆形至宽线形；雄蕊长约 1cm，花丝线形，花药线形与花丝等长，药隔疏生长柔毛；心皮被白色绢状毛。瘦果卵圆形，两面凸起，红棕色，被短柔毛，宿存花柱丝状，长达 3cm，有白色长柔毛。花期 7—8 月，果期 9—10 月。

【分布与生境】秦岭南北坡均有分布，南坡更普遍；生于海拔 700—2000m 山坡、谷地灌丛或岩石隙内。

【利用部位与用途】种子含油量 14.5%，种子油可作油漆用。

【采收与加工】果实成熟后采收，晒干，打出种子备用。

【资源开发与保护】大叶铁线莲全草及根供药用，有祛风除湿、解毒消肿的作用，治风湿关节痛、结核性溃疡、瘘管。

蒺藜

【形态特征】一年生草本。茎由基部分枝，平卧，淡褐色，长可达1m左右；全体被绢丝状柔毛。双数羽状复叶互生，长1.5—5cm；小叶6—14，对生，矩圆形，顶端锐尖或钝，基部稍偏斜，近圆形，全缘。花小，黄色，单生叶腋；花梗短；萼片5，宿存；花瓣5；雄蕊10，生花盘基部，基部有鳞片状腺体。果为5个分果瓣组成，每果瓣具长短棘刺各1对；背面有短硬毛及瘤状突起。花期5—8月，果期6—9月。

【分布与生境】秦岭南北坡浅山及平原地带广泛分布，生长于海拔350—1100m的路旁、河岸、荒丘、沙地、田边及田间。

【利用部位与用途】种子含油量11.6%，出油率为8.5%，属干性油，种子油可供工业用，亦可代替柚油。

【采收与加工】果实成熟呈黄绿色时采收，晒干，去掉硬刺，方可榨油。

【资源开发与保护】蒺藜青鲜时可做饲料。果入药能平肝明目，散风行血。果刺易黏附家畜毛间，有损皮毛质量，为草场有害植物。

云实

Caesalpinia decapetala (Roth) Alston
药王子、马豆
豆科 Leguminosae 云实属植物

【形态特征】藤本，树皮暗红色；枝、叶轴和花序均被柔毛和钩刺。二回羽状复叶；羽片 3—10 对，对生，具柄，基部有刺 1 对；小叶 8—12 对，膜质，长圆形，两端近圆钝；托叶小，早落。总状花序顶生，直立，具多花；总花梗多刺；花梗在花萼下具关节，故花易脱落；萼片 5，长圆形，被短柔毛；花瓣黄色，膜质，圆形或倒卵形，盛开时反卷，基部具短柄；雄蕊与花瓣近等长，花丝基部扁平，下部被绵毛。荚果长圆状舌形，脆革质，有光泽，沿腹缝线膨胀成狭翅，成熟时沿腹缝线开裂，先端具尖喙；种子 6—9 颗，椭圆状，种皮棕色。花期 4—5 月，果期 9—10 月。

【分布与生境】秦岭南坡有分布，生于海拔 300—800m 山谷或川地路边、村旁及山坡上。

【利用部位与用途】种子含油量 35%，种子油金黄色，可供制肥皂和润滑油。

【采收与加工】10 月间种子成熟时采摘荚果，曝晒，用木棒轻打，果荚开裂后，收取种子供榨油。果荚也可提制栲胶。

【资源开发与保护】云实根、茎及果药用，性温，味苦、涩，无毒，有发表散寒、活血通经、解毒杀虫之效，治筋骨疼痛、跌打损伤。

皂荚

【形态特征】落叶乔木，高达 15m；刺粗壮，通常有分枝，长可达 16cm，圆柱形。羽状复叶簇生，具小叶 6—14 枚；小叶长卵形，长椭圆形至卵状披针形，先端钝或渐尖，基部斜圆形或斜楔形，边缘有细锯齿，无毛。花杂性，排成总状花序，腋生；萼钟状，有 4 枚披针形裂片；花瓣 4，白色；雄蕊 6—8；子房条形，沿缝线有毛。荚果条形，不扭转，微厚，黑棕色，被白色粉霜。花期 4—5 月；果期 5—10 月。

【分布与生境】秦岭南北坡山麓地带，亦有栽培，生于海拔 400—1300m 的路边、溪旁、宅旁。

【利用部位与用途】种子油为干性油，可作油漆等工业用油。

【采收与加工】果实成熟及时采收，晒干后打出种子，即可贮存或榨油。

【资源开发与保护】皂荚木材坚硬，为车辆、家具用材；荚果煎汁可代肥皂用以洗涤丝毛织物；嫩芽油盐调食，其籽煮熟糖渍可食。荚、籽、刺均入药，有祛痰通窍、镇咳利尿、消肿排脓、杀虫治癣之效。

石楠

Photinia serrulata Lindl.
凿木
蔷薇科 Rosaceae 石楠属植物

【形态特征】常绿灌木或小乔木，高4—6m；枝褐灰色；冬芽卵形，鳞片褐色。叶片革质，长椭圆形、长倒卵形或倒卵状椭圆形，先端尾尖，基部圆形或宽楔形，边缘有疏生具腺细锯齿，近基部全缘，上面光亮，中脉显著，侧脉25—30对。复伞房花序顶生，总花梗和花梗无毛，花密生，直径6—8mm；萼筒杯状；花瓣白色，近圆形；雄蕊20，外轮较花瓣长，内轮较花瓣短，花药带紫色；花柱2，有时为3，基部合生，柱头头状，子房顶端有柔毛。果实球形，红色，后成褐紫色，有1粒种子；种子卵形，棕色，平滑。花期4—5月，果期10月。

【分布与生境】秦岭南坡有分布，生于海拔700—1000m的山坡杂木林中，秦岭北坡广泛栽培。

【利用部位与用途】种子油为干性油，含油量为14%，种子油可供制油漆、肥皂或润滑油用。

【采收与加工】10月果实成熟，由红色变成褐色时采收，除去果肉，洗净晒干备用。

【资源开发与保护】石楠圆形树冠，叶丛浓密，嫩叶红色，花白色、密生，冬季果实红色，鲜艳著目，是常见的绿化栽培树种。木材坚密，可制车轮及器具柄；叶和根供药用为强壮剂、利尿剂，有镇静解热等作用；又可作土农药防治蚜虫，并对马铃薯病菌孢子发芽有抑制作用。

短梗稠李

【形态特征】落叶乔木，高 8—10m，树皮黑色；多年生小枝黑褐色；当年生小枝红褐色。叶片长圆形，稀椭圆形，长 6—16cm，宽 3—7cm，先端急尖或渐尖，基部圆形或微心形，叶边有贴生或开展锐锯齿，齿尖带短芒。总状花序具有多花，长 16—30cm，基部有 1—3 叶，叶片长圆形或长圆披针形，长 5—7cm，宽 2—3cm；花直径 5—7mm；萼筒钟状，比萼片稍长，萼片三角状卵形，先端急尖，边有带腺细锯齿，萼筒和萼片外面有疏生短柔毛，内面基部被短柔毛，比花瓣短；花瓣白色，倒卵形，中部以上啮蚀状或波状，基部楔形有短爪；雄蕊 25—27，花丝长短不等，排成不规则 2 轮，着生在花盘边缘，长花丝和花瓣近等长或稍长；雌蕊 1，心皮无毛，柱头盘状，花柱比长花丝短。核果球形，直径 5—7mm，幼时紫红色，老时黑褐色。花期 4—5 月，果期 7—8 月。

【分布与生境】秦岭南北坡均分布，生于海拔 1500—2200m 山坡杂木林内。

【利用部位与用途】种子含油量 39%，可制肥皂及供工业用。

【采收与加工】7—8 月果实成熟时采收，将种子与果肉分开，用水洗净种子，晒干备用；果肉可酿酒。

【资源开发与保护】短梗稠李果实含糖 6%，可生食或酿酒。

千金榆

Carpinus cordata Bl.
穗子榆
桦木科 Betulaceae 鹅耳枥属植物

【形态特征】落叶乔木，高约 15m；树皮灰色；小枝棕色或橘黄色，具沟槽。叶厚纸质，卵形或矩圆状卵形，较少倒卵形，顶端渐尖，具刺尖，基部斜心形，边缘具不规则的刺毛状重锯齿，侧脉 15—20 对。雌花序长 5—15cm；苞片宽卵状长圆形，基部具髯毛，外缘内折，疏生锯齿，内缘上部疏生锯齿；果苞宽卵状矩圆形，外侧的基部无裂片，内侧的基部具一矩圆形内折的裂片，全部遮盖着小坚果。小坚果矩圆形。花期 5 月，果期 9 月。

【分布与生境】秦岭南北坡普遍分布，生于海拔 1500—2000m 山坡、河谷杂木林内。

【利用部位与用途】种子含油 47%，种子油可作制肥皂原料，亦可用作润滑油。

【采收与加工】果实于 9 月间成熟，取其果序晒干，用连枷或木棒捶打，除去杂质，得纯净种子，置于通风干燥处。

【资源开发与保护】千金榆木材黄白色，质坚而重，可制农具、床柱、板箱及家具。树皮含鞣质，可提制栲胶。

鹅耳枥

Carpinus turczaninowii Hance
梭子木
桦木科 Betulaceae 鹅耳枥属

【形态特征】乔木，高 5—10m；树皮暗灰褐色，粗糙，浅纵裂；枝细瘦，灰棕色。叶卵形、宽卵形、卵状椭圆形或卵菱形，有时卵状披针形，顶端锐尖或渐尖，基部近圆形或宽楔形，有时微心形或楔形，边缘具规则或不规则的重锯齿，侧脉 8—12 对。花单性，雌雄同株；雄花序生于上一年的枝条上，春季开放，苞鳞覆瓦状排列，每苞鳞内具 1 朵雄花；雄花无花被，具 3—12 枚雄蕊；雌花序生于上部的枝顶或腋生于短枝上，单生，直立或下垂；苞鳞覆瓦状排列，每苞鳞内具 2 朵雌花，雌花基部具 1 枚苞片和 2 枚小苞片，三者在发育过程中近愈合（果时扩大成叶状，称果苞），果苞叶状，变异较大，半宽卵形、半卵形、半矩圆形至卵形，顶端钝尖或渐尖。小坚果宽卵形。
【分布与生境】秦岭南北坡普遍分布，生于海拔 800—1800m 山坡的疏木林中。
【利用部位与用途】种子含油 21%，种子油可食用或工业用油。
【采收与加工】9 月采收，连果序摘下，晒干，用连枷或木棒敲打，除去苞片和杂质，即可榨油。
【资源开发与保护】鹅耳枥木材坚韧，可制农具、家具、日用小器具等。树皮及叶含鞣质，可提制栲胶。

红桦

Betula albosinensis Burk.
纸皮桦、红皮桦
桦木科 Betulaceae 桦木属植物

【形态特征】大乔木，高可达 30m；树皮淡红褐色或紫红色，有光泽和白粉，呈薄层状剥落，纸质；枝条红褐色；小枝紫红色。叶卵形或卵状矩圆形，顶端渐尖，基部圆形或微心形，较少宽楔形，边缘具不规则的重锯齿，齿尖常角质化，上面深绿色，下面淡绿色，密生腺点，侧脉 10—14 对。花单性，雌雄同株；雄花序圆柱形，2—4 枚簇生于上一年枝条的顶端，雄花 3 朵生于苞腋，雄蕊通常 2 枚。雌花序单 1 或 2—4 枚生于短枝的顶端，每苞鳞内有 3 朵雌花，雌花无花被，子房扁平，2 室，每室有 1 个倒生胚珠，花柱 2 枚，分离。果序圆柱形。小坚果卵形，膜质翅宽及果的 1/2。花期 6 月，果期 10 月。

【分布与生境】秦岭南北坡均有分布，生于海拔 2200—3000m 山坡的杂木林内，或形成纯林。

【利用部位与用途】树皮含有极丰富的油，可提出桦皮油，其性质近似矿物油，出油率 33%。桦皮油在制革工业上用作油润皮革，可使其柔软耐用而富有弹性。

【采收与加工】疏林或伐木时，收集红桦（包括牛皮桦）树皮阴干，备用。桦皮油的提取可通过干馏法进行。

【资源开发与保护】红桦变种牛皮桦树皮更厚，块状剥落，是提取桦皮油的更好原料。红桦木材质地坚硬，结构细密，花纹美观，但较脆，可作用具或胶合板，树皮可作帽子或包装用。

黄海棠

Hypericum ascyron L.
大叶金丝桃、救牛草、八定茶
金丝桃科 Hypericaceae 金丝桃属植物

【形态特征】常绿乔木，高 7—15m，树冠卵形。小枝纤细而短，褐红色。顶芽近球形，芽鳞近圆形，先端有小尖，外面有灰白色很快脱落小柔毛，边缘常有浓密的缘毛。叶常集生当年生枝上，长圆状披针形至长圆状倒披针形，先端短渐尖，有时尖头稍呈镰形，基部楔形，坚纸质，中脉上面凹下，下面明显突起，侧脉纤细，每边 12—17 条。圆锥花序生自当年生枝基部脱落苞片的腋内，总梗纤细，带紫红色，约在中部分枝，下部分枝有花 2—3 朵，较上部的有花 1 朵；花两性，白色，花被裂片先端钝圆，外轮的稍狭；雄蕊较花被稍短，近等长；花药长圆形，第三轮雄蕊腺体近球形，有柄；退化雄蕊三角形，稍尖，基部平截，连柄长约 1.8mm；子房近球形，花柱长 3mm，柱头小，头状。果序长 6—9cm；果近球形，直径约 1cm，黑色。花期 4—5 月，果期 8—9 月。
【分布与生境】秦岭南北坡广泛分布，生于海拔 500—2500m 山坡草丛或林下。向阳的地方适宜生长。
【利用部位与用途】种子含油量 21%，种子油供工业用油。
【采收与加工】果实成熟时采回晒干，取出种子，即可榨油。
【资源开发与保护】黄海棠金黄色的花大而美丽，可供观赏；全草药用，主治吐血、子宫出血、外伤出血、疮疖痈肿、风湿、痢疾以及月经不调等症；种子泡酒服，可治胃病，并可解毒和排脓。全草也是烤胶原料。此外民间有用叶作茶叶代用品饮用。

油桐

Vernicia fordii (Hemsl.) Airy Shaw
桐油树、桐子树
大戟科 Euphorbiaceae 油桐属植物

【形态特征】落叶乔木，高达 10m；树皮灰色，近光滑；枝条粗壮，具明显皮孔。叶卵圆形，顶端短尖，基部截平至浅心形，全缘，成长叶上面深绿色，无毛，下面灰绿色，掌状脉 5 条；叶柄与叶片近等长。花雌雄同株，先叶或与叶同时开放；花萼 2 裂，外面密被棕褐色微柔毛；花瓣白色，有淡红色脉纹，倒卵形，顶端圆形，基部爪状；雄花：雄蕊 8—12 枚，2 轮；外轮离生，内轮花丝中部以下合生；雌花：子房密被柔毛，3—5 室，每室有 1 颗胚珠，花柱与子房室同数，2 裂。核果近球状，果皮光滑；种子 3—4，种皮木质。花期 3—4 月，果期 8—9 月。

【分布与生境】秦岭南坡广泛分布，亦栽培于海拔 1000m 以下丘陵山地。在阳光充沛，气温湿润、排水良好、有机质较多的砂质土壤上生长良好。

【利用部位与用途】种子含油 70%，是油漆和印刷上的好原料，是我国重要的工业油料植物；桐油是我国的外贸商品之一。

【采收与加工】油桐果实于秋天成熟，表面呈黑褐色，待果实成熟落地之后，捡拾收集，然后堆积在潮湿处，泼水，覆以干草，堆放 10 天，使外壳腐烂，除去外皮，晒干，用连枷敲打，使壳与籽仁分离，即得桐仁备用。

【资源开发与保护】油桐的根、茎、叶、花和果实均可入药，有消肿杀虫之功效；叶为白蜡原料。果皮可制活性炭或提取碳酸钾。

乌桕

【形态特征】乔木，高可达 15m；树皮暗灰色，有纵裂纹；枝广展，具皮孔。叶互生，纸质，叶片菱形、菱状卵形或稀有菱状倒卵形，顶端骤然紧缩具长短不等的尖头，基部阔楔形或钝，全缘；侧脉 6—10 对，纤细，斜上升。花单性，雌雄同株，聚集成顶生的总状花序，雌花通常生于花序轴最下部，雄花生于花序轴上部或有时整个花序全为雄花。雄花：花梗纤细；苞片阔卵形，顶端略尖，基部两侧各具一近肾形的腺体，每一苞片内具 10—15 朵花；花萼杯状，3 浅裂；雄蕊 2 枚，伸出于花萼之外，花丝分离，与球状花药近等长。雌花；花梗粗壮；苞片深 3 裂，裂片渐尖，基部两侧的腺体与雄花的相同，每一苞片内仅 1 朵雌花；花萼 3 深裂；子房卵球形，平滑，3 室，花柱 3，基部合生，柱头外卷。蒴果梨状球形，成熟时黑色，具 3 种子。花期 5—6 月，果期 8—9 月。

【分布与生境】秦岭南坡有分布，生于旷野、塘边或疏林中。村庄附近多有栽培。

【利用部位与用途】白色之蜡质层（假种皮）溶解后可制肥皂、蜡烛；种子含油量 50%，种子油可作制油漆和油酸的原料，并作为机械润滑油、油墨、化妆品、蜡纸的原料。但油含有毒素，不能食用。

【采收与加工】多在秋季果实成熟时，外果皮开裂时进行采收，连同枝条采下或用竹竿打落，晒 4—5 天，揉取种子，用布袋贮藏于干燥处即可加工榨油。

【资源开发与保护】乌桕木材白色，坚硬，纹理细致，可供制车辆和小器具，也是良好的雕刻用材。叶为黑色染料，可染衣物。根皮治毒蛇咬伤。

续随子

Euphorbia lathylris L.
千金子
大戟科 Euphorbiaceae 大戟属植物

【形态特征】二年生草本，株高达 1m。茎直立，粗壮，多分枝。茎下部的叶密生，条状披针形，无柄，全缘，上部的叶交互对生，卵状披针形，顶端锐尖，基部心形而多少抱茎。总花序顶生，2—4 伞梗，呈伞状，基部有 2—4 叶轮生，每伞梗再叉状分枝，有 2 三角状卵形苞片；花序总苞杯状，顶端 4—5 裂；雄花多数，伸出总苞边缘；雌花 1 枚，子房柄几与总苞近等长；腺体新月形，两端具短而钝的角。蒴果近球形；种子矩圆状球形，表面有黑褐相间的斑纹。花期 4—7 月，果期 6—9 月。

【分布与生境】秦岭南坡栽培。喜生于向阳山坡或谷岸。

【利用部位与用途】种子含油量 50%，可制肥皂及高级软皂或作润滑油，近年国外已将该种的油作为汽油的代用品研究并取得进展。

【采收与加工】7—9 月果实成熟时采收，晒干，打出种子即可榨油。

【资源开发与保护】续随子种子亦可入药，具利尿、泻下和通经作用，外用治癣疮类；全草有毒。

牻牛儿苗

【形态特征】多年生草本，高通常 15—50cm，根为直根，较粗壮，少分枝。茎多数，仰卧或蔓生，具节，被柔毛。叶对生；基生叶和茎下部叶具长柄，柄长为叶片的 1.5—2 倍；叶片轮廓卵形或三角状卵形，基部心形，二回羽状深裂，小裂片卵状条形，全缘或具疏齿，表面被疏伏毛，背面被疏柔毛，沿脉被毛较密。伞形花序腋生，明显长于叶，总花梗被开展长柔毛和倒向短柔毛，每梗具 2—5 花；苞片狭披针形，分离；花梗与总花梗相似，等于或稍长于花，花期直立，果期开展，上部向上弯曲；萼片矩圆状卵形，先端具长芒，花瓣紫红色，倒卵形，等于或稍长于萼片，先端圆形或微凹；雄蕊稍长于萼片，花丝紫色，中部以下扩展；雌蕊被糙毛，花柱紫红色。蒴果长约 4cm。种子褐色，具斑点。花期 6—8 月，果期 8—9 月。

【分布与生境】秦岭南北坡均有分布，生于海拔 400—1400m 的荒地、干山坡、农田边、沙质河滩地。

【利用部位与用途】种子含油 18.7%，种子油可供工业用。

【采收与加工】8—9 月采收果实，先割下植株，晒干后打下种子，除去杂质，收集种子，存干燥通风处，以备榨油。

【资源开发与保护】牻牛儿苗全草供药用，有祛风除湿和清热解毒之功效。全草含鞣质，可提制栲胶。

省沽油

Staphylea bumalda DC.
水条
省沽油科 Staphyleaceae 省沽油属植物

【形态特征】落叶灌木，高约2m，树皮紫红色或灰褐色，有纵棱；枝条开展，复叶对生，具三小叶；小叶椭圆形、卵圆形或卵状披针形，先端锐尖，具尖尾，基部楔形或圆形，边缘有细锯齿，主脉及侧脉有短毛。圆锥花序顶生，直立，花白色；萼片长椭圆形，浅黄白色，花瓣5，白色，倒卵状长圆形，较萼片稍大，雄蕊5，与花瓣略等长。子房上部及花柱下部离生，花柱2。蒴果膀胱状，扁平，2室，先端2裂；种子黄色，有光泽。花期4—5月，果期8—9月。

【分布与生境】秦岭南北坡均有分布，生于海拔800—1300m的山沟杂木林内或山地阳坡。

【利用部位与用途】种子含油18%，种子油可制肥皂及油漆。油亦可食。

【采收与加工】8—9月果实成熟后采籽，晒干后即可榨油。

【资源开发与保护】省沽油茎皮可提取纤维；木材可做木钉及箸等。

膀胱果

【形态特征】落叶灌木或小乔木，高3—5m，幼枝平滑，三小叶，小叶近革质，长圆状披针形至狭卵形，长5—10cm，基部钝，先端突渐尖，上面淡白色，边缘有硬细锯齿，侧脉10，有网脉，侧生小叶圣乓无柄，顶生小叶具长柄，柄长2—4cm。广展的伞房花序，下垂；花白色或粉红色，萼片宽长圆形同，先端钝圆，基部合生；花瓣匙状倒卵形，先端钝圆，离生；子房3室，花柱3。果为3裂、梨形膨大的蒴果，长4—5cm，宽2.5—3cm，基部狭，顶平截，种子近椭圆形，灰色，有光泽。花期4—5月，果期8—9月。

【分布与生境】秦岭南坡均普遍分布，生于海拔700—2400m的杂木林中。

【利用部位与用途】种子含油，属半干性油，可制肥皂及工业用油。

【采收与加工】9—10月果实成熟时采收，待果皮开裂后，收集种子，晒干后即可榨油。

【资源开发与保护】膀胱果野生资源较为丰富，花玉白透粉，果型独特，是一种优美的园林树种。其种子又可通过生物质能转换技术生产优质生物柴油，是一种理想的能源树种。

油脂植物

黄连木

Pistacia chinensis Bunge
炙黄连、药树、黄连茶
漆树科 Anacardiaceae 黄连木属植物

【形态特征】落叶乔木，高达 20 余 m；树干扭曲. 树皮暗褐色，呈鳞片状剥落。奇数羽状复叶互生，有小叶5—6对，小叶对生或近对生，纸质，披针形或卵状披针形或线状披针形，先端渐尖或长渐尖，基部偏斜，全缘，侧脉和细脉两面突起。花单性异株，先花后叶，圆锥花序腋生，雄花序排列紧密，雌花序排列疏松。雄花：花被片 2—4，披针形或线状披针形，大小不等，边缘具睫毛；雄蕊 3—5，花丝极短，缺雌蕊。雌花：花被片 7—9，大小不等，外面 2—4 片远较狭，披针形或线状披针形，外面被柔毛，边缘具睫毛，里面5片卵形或长圆形，边缘具睫毛；不育雄蕊缺；子房球形，花柱极短，柱头 3，厚，肉质，红色。核果倒卵状球形，略压扁，成熟时紫红色。花期4—5月，果期9—10月。

【分布与生境】秦岭南北坡普遍分布，生于海拔 500—1500m 的山坡林中。

【利用部位与用途】种子含油量 35%，可制肥皂及作润滑油，亦是制备生物柴油的主要原料。种子油也可食用，但因酸值较高，味道不佳。

【采收与加工】黄连木果实初为红，9月底至10月初由红色变为蓝紫色，秋分前后，果实水分逐渐减少，接近干燥，果实颜色变为铜绿色，此时含油量最高，为最佳采收时期。

【资源开发与保护】木材鲜黄色，可提黄色染料，材质坚硬致密，可供家具和细工用材。幼叶可作蔬菜，并可代茶。

Xanthoceras sorbifolium Bunge
文冠树、木瓜、文冠花
无患子科 Sapindaceae 文冠果属植物

文冠果

【形态特征】落叶灌木或小乔木，高2—5m；小枝粗壮，褐红色。叶互生，奇数羽状复叶，小叶9—19，膜质或纸质，披针形或近卵形，两侧稍不对称，顶端渐尖，基部楔形，边缘有锐利锯齿，顶生小叶通常3深裂，腹面深绿色，背面鲜绿色；侧脉纤细，两面略凸起。花杂性，花序先叶抽出或与叶同时抽出，两性花的花序顶生，雄花序腋生，直立，总花梗短，基部常有残存芽鳞；萼片两面被灰色绒毛；花瓣白色，基部紫红色或黄色，有清晰的脉纹，爪之两侧有须毛；花盘的角状附属体橙黄色；雄蕊8，花丝长而分离；子房长圆形，3室，每室有胚珠7—8，花柱短肥，柱头3。蒴果长达6cm；种子球形，大，黑色而有光泽。花期4—5月，果期7—8月。

【分布与生境】秦岭有少量野生，亦广泛栽培。生于海拔800—1500m的山坡或沟岸。根深，抗旱能力强。

【利用部位与用途】种仁含脂肪57.18%、蛋白质29.69%、淀粉9.04%、灰分2.65%，营养价值很高，是我国北方很有发展前途的木本油料植物。

【采收与加工】果实成熟后及时采摘，以防开裂后种子散落。采摘后取籽晒干，存放于通风干燥处备用。

【资源开发与保护】文冠果适应力强，营养价值高，北方已广泛栽培。花味甘甜，既供观赏，又可作蔬菜。

七叶树

Aesculus chinensis Bunge
梭椤树
无患子科 Sapindaceae 七叶树属植物

【形态特征】落叶乔木，高达25m，树皮深褐色或灰褐色，小枝、圆柱形，黄褐色或灰褐色。掌状复叶，由5—7小组成，小叶纸质，长圆披针形至长圆倒披针形，基部楔形或阔楔形，边缘有钝尖形的细锯齿；中肋在上面显著，在下面凸起，侧脉13—17对。聚伞圆.锥花序顶生，直立，侧生小花序系蝎尾状聚伞花序。花杂性，雄花与两性花同株，花萼管状钟形，不等地5裂，裂片钝形，边缘有短纤毛；花瓣4，白色，长圆倒卵形至长圆倒披针形，边缘有纤毛，基部爪状；雄蕊6，花丝线状，花药长圆形，淡黄色；子房在雄花中不发育，在两性花中发育良好，卵圆形。果实球形或倒卵圆形，顶部短尖或钝圆而中部略凹下，黄褐色，无刺，具很密的斑点，种子常1—2粒发育，近于球形，栗褐色。花期4—5月，果期10月。

【分布与生境】秦岭南北坡均分布，野生或栽培，生于海拔500—1500m的山谷杂木林中。喜生于潮湿、疏松、肥沃的土壤中。

【利用部位与用途】种子含油量37%，榨油可制造肥皂。

【采收与加工】果实成熟后，用长杆打落，收集去皮，晒干，即可加工。久藏则变质。

【资源开发与保护】七叶树树干端直，叶荫浓密，为优良的行道树和庭园树。木材细密可制造各种器具，种子可作药用。

栾树

【形态特征】落叶乔木或灌木；树皮厚，灰褐色至灰黑色，老时纵裂。叶丛生于当年生枝上，平展，一回、不完全二回或偶为二回羽状复叶，小叶11—18片，无柄或具极短的柄，对生或互生，纸质，卵形、阔卵形至卵状披针形，顶端短尖或短渐尖，基部钝至近截形，边缘有不规则的钝锯齿，齿端具小尖头。聚伞圆锥花序大型，顶生；杂性同株或异株，两侧对称；花淡黄色，稍芬芳；花瓣4，开花时向外反折，线状长圆形，瓣片基部的鳞片初时黄色，开花时橙红色，参差不齐的深裂，被疣状皱曲的毛；雄蕊8枚，在雄花中的长7—9mm，雌花中的长4—5mm，花丝下半部密被白色、开展的长柔毛；花盘偏斜；子房三棱形。蒴果膨胀，卵形、长圆形或近球形，具3棱，室背开裂为3果瓣，果瓣膜质，有网状脉纹；种子每室1颗，球形。花期6—8月，果期9—10月。

【分布与生境】秦岭南北坡均有分布，生于海拔400—1000m的山谷杂木林或灌丛中。

【利用部位与用途】种子含油量39%，种子油可制润滑油及肥皂。

【采收与加工】9—10月果实成熟时，在蒴果开裂之前采摘果枝，晒干，用脚踩，使果壳与种子分离，再用风车扬去杂质，得净籽即可榨油。

【资源开发与保护】栾树耐寒耐旱，常栽培作庭园观赏树，但四季均会出现流胶现象，污染树下停放的车辆。木材黄白色，易加工，可制家具；叶可作蓝色染料，花供药用，亦可作黄色染料。

臭檀吴萸

Evodia daniellii (Benn.) Hemsl.
臭檀
芸香科 Rutaceae 吴茱萸属植物

【形态特征】落叶乔木，高可达 20m。叶有小叶 5—11 片，小叶纸质，有时颇薄，阔卵形，卵状椭圆形，顶部长渐尖或短尖，基部圆或阔楔形，有时一侧略偏斜，散生少数油点或油点不显，叶缘有细钝裂齿。伞房状聚伞花序，花蕾近圆球形；萼片及花瓣均 5 片；萼片卵形；花瓣长约 3mm；雄花的退化雌蕊圆锥状，顶部 5—4 裂，裂片约与不育子房等长，被毛；雌花的退化雄蕊约为子房长的 1/4，鳞片状。分果瓣紫红色，干后变淡黄或淡棕色，顶端芒尖，内、外果皮均较薄，内果皮干后软骨质，蜡黄色，每分果瓣有 2 种子；种子卵形，褐黑色，有光泽。花期 6—8 月，果期 9—11 月。

【分布与生境】秦岭南北坡均有分布，生于海拔 500—2300m 的山谷或山坡丛林中。

【利用部位与用途】种子含油量 40%，属干性油，与桐油性质相似，可供制肥皂及掺和油漆使用。

【采收与加工】8—9 月有个别果实干燥开裂时即可采收，连果序剪下，晒至开裂，击落种子，过筛，除去杂质，及时榨油，以免出油率降低。

【资源开发与保护】臭檀吴萸花含香豆素。木材淡黄色，有光泽可制各种家具；种子亦可入药。

臭椿

【形态特征】落叶乔木，高可达 20 余米，树皮平滑而有直纹；嫩枝有髓。叶为奇数羽状复叶，有小叶 13—27；小叶对生或近对生，纸质，卵状披针形，先端长渐尖，基部偏斜，截形或稍圆，两侧各具 1 或 2 个粗锯齿，齿背有腺体 1 个，叶面深绿色，背面灰绿色，柔碎后具臭味。花小，单性异株，圆锥花序生于枝顶的叶腋；萼片 5，覆瓦状排列；花瓣 5，镊合状排列；花盘 10 裂；雄蕊 10，着生于花盘基部，但在雌花中的雄蕊不发育或退化，2—5 个心皮分离或仅基部稍结合，每室有胚珠 1 颗，弯生或倒生，花柱 2—5，分离或结合，但在雄花中仅有雌花的痕迹或退化。翅果长椭圆形；种子位于翅的中间，扁圆形。花期 4—5 月，果期 8—10 月。

【分布与生境】秦岭南北坡普遍有栽培或野生；生于 400—1800m 的山坡、沟边及村旁。适应性强的喜阳光树种，能耐干旱及碱地，在瘠薄微酸性、中性及石灰岩地区生长良好，但不适宜于黏质土壤。

【利用部位与用途】种子含油量 35%，种子油可作精密器械（如钟表）润滑油，又可供制肥皂用。

【采收与加工】8—10 月间果实成熟，将果序摘下，晒干后用手揉搓，簸去杂质即可加工。种子容易发霉，应尽快加工或加强保管。

【资源开发与保护】臭椿生长快，适应性强，可作石灰岩地区的造林树种，也可作园林风景树和行道树。木材黄白色，可制作农具车辆等；叶可饲椿蚕（天蚕）；树皮、根皮、果实均可入药，有清热利湿、收敛止痢等效。

楝

Melia azedarach L.
苦楝、楝树
楝科 Meliaceae 楝属植物

【形态特征】落叶乔木，高达10余米；树皮灰褐色，纵裂。叶为2至3回奇数羽状复叶；小叶对生，卵形、椭圆形至披针形，顶生一片通常略大，先端短渐尖，基部楔形或宽楔形，多少偏斜，边缘有钝锯齿，侧脉每边12—16条，广展，向上斜举。圆锥花序腋生，多分枝，由多个二歧聚伞花序组成；花两性，花芳香；花萼5—6深裂，覆瓦状排列；花瓣白色或紫色，5—6片；雄蕊管紫色，有纵细脉，管口有钻形、2—3齿裂的狭裂片10枚，花药10枚，着生于裂片内侧，且与裂片互生，长椭圆形，顶端微凸尖；子房近球形，5—6室，每室有胚珠2颗，花柱细长，柱头头状，顶端具5齿，不伸出雄蕊管。核果球形至椭圆形，内果皮木质，4—5室，每室有种子1颗；种子椭圆形。花期4—5月，果期10—12月。

【分布与生境】秦岭南北坡普遍有栽培或野生；生于100—800m山坡、路旁及住屋附近。喜生于阳光充足的湿润肥沃土壤上。

【利用部位与用途】种子含油量为18%—25%，属半干性油，黄色，有特殊香味，可制油漆、润滑油及肥皂等。

【采收与加工】果实成熟后，采摘晒干，除去果壳及杂质，即可榨油。

【资源开发与保护】楝树的边材黄白色，心材黄色至红褐色，纹理粗而美，质轻软，有光泽，施工易，是家具、建筑、农具、舟车、乐器等良好用材；用鲜叶可灭钉螺和作农药，用根皮可驱蛔虫和钩虫，但有毒；根皮粉调醋可治疥癣，用苦楝子做成油膏可治头癣。

野西瓜苗

【形态特征】一年生直立或平卧草本，高 25—70cm，茎柔软，被白色星状粗毛。叶二型，下部的叶圆形，不分裂，上部的叶掌状 3—5 深裂，中裂片较长，两侧裂片较短，裂片倒卵形至长圆形，通常羽状全裂。花单生于叶腋，花萼钟形，淡绿色，被粗长硬毛或星状粗长硬毛，裂片 5，膜质，三角形，具纵向紫色条纹，中部以上合生；花淡黄色，内面基部紫色，花瓣 5，倒卵形，外面疏被极细柔毛；雄蕊柱长约 5mm，花丝纤细，花药黄色；花柱枝 5。蒴果长圆状球形，果爿 5，果皮薄，黑色；种子肾形，黑色，具腺状突起。花期 7—8 月，果期 9—10 月。

【分布与生境】秦岭南坡有分布，但不常见；生于海拔 560—1400m 的山坡或山谷疏林下。以湿润而肥沃的山谷地生长更好。

【利用部位与用途】种子含油量 22%，种子油可制肥皂。

【采收与加工】立秋期间，种子成熟后采收，将全拔起，剥皮，取其纤维，同时收集种子，收后晒干，即可榨油。

【资源开发与保护】全草和果实、种子作药用，治烫伤、烧伤、急性关节炎等。茎皮纤维可代麻用。

葶苈

Draba nemorosa L.
葶苈子
十字花科 Cruciferae 葶苈属植物

【形态特征】一年或二年生草本。茎直立，高 5—45cm，单一或分枝，疏生叶片或无叶。基生叶莲座状，长倒卵形，顶端稍钝，边缘有疏细齿或近于全缘；茎生叶长卵形或卵形，顶端尖，基部楔形或渐圆，边缘有细齿，无柄。总状花序有花 25—90 朵，密集成伞房状，花后显著伸长，疏松，小花梗细；萼片椭圆形；花瓣黄色，花期后成白色，倒楔形，顶端凹；雄蕊长 1.8—2mm；花药短心形；雌蕊椭圆形，花柱几乎不发育，柱头小。短角果长圆形或长椭圆形，与果序轴成直角开展，或近于直角向上开展。种子椭圆形，褐色，种皮有小疣。花期 3—4 月上旬，果期 5—6 月。

【分布与生境】秦岭南北坡普遍分布，生于海拔 1000—2000m 的山坡、田边、路旁的荒草地中，为早春常见杂草。

【利用部位与用途】种子含油量 26%，种子油可制肥皂。

【采收与加工】果实成熟时割取全株，晒干后脱粒，清除杂质，存于干燥处备用。

【资源开发与保护】葶苈种子尚含有白芥子素，可入药，用于下泻利尿剂。

播娘蒿

【形态特征】一年生草本，高 20—80cm。茎直立，分枝多，常于下部成淡紫色。叶为 3 回羽状深裂，末端裂片条形或长圆形，下部叶具柄，上部叶无柄。花序伞房状，花小而多，无苞片；萼片近直立，早落；花瓣黄色，卵形，具爪；雄蕊 6 枚，花丝基部宽，比花瓣长三分之一。长角果圆筒状，稍内曲，与果梗不成 1 条直线，果瓣中脉明显。种子每室 1 行，种子形小，多数，长圆形，稍扁，淡红褐色，表面有细网纹。花期 4—5 月，果期 8 月。

【分布与生境】秦岭南北坡普遍分布，生于海拔 400—1000m 的山坡、山谷、田边、路旁的荒地及麦田中，为常见杂草。

【利用部位与用途】种子含油量 44%，种子油可制肥皂及油漆，亦可食用。

【采收与加工】果实成熟时，摘取果序，晒干后脱粒，清除杂质，存于干燥处备用。

【资源开发与保护】种子亦可药用，有利尿消肿、祛痰定喘的效用。全草还能制土农药，可杀棉蚜、青菜虫等。嫩苗还可作蔬菜食用。

蔊菜

Rorippa indica (L.) Hiern.
野油菜、辣辣菜
十字花科 Cruciferae 蔊菜属植物

【形态特征】一、二年生直立草本，高 20—40cm，植株较粗壮。茎单一或分枝，表面具纵沟。叶互生，基生叶及茎下部叶具长柄，叶形多变化，通常大头羽状分裂，顶端裂片大，卵状披针形，边缘具不整齐牙齿，侧裂片 1—5 对；茎上部叶片宽披针形或匙形，边缘具疏齿，具短柄或基部耳状抱茎。总状花序顶生或侧生，花小，多数，具细花梗；萼片 4，卵状长圆形；花瓣 4，黄色，匙形，基部渐狭成短爪，与萼片近等长；雄蕊 6，2 枚稍短。长角果线状圆柱形，短而粗，直立或稍内弯，成熟时果瓣隆起。种子每室 2 行，多数，细小，卵圆形而扁，一端微凹，表面褐色，具细网纹。花期 4—6 月，果期 6—8 月。

【分布与生境】秦岭南北坡普遍分布，生于海拔 500—1900m 的山坡、山谷、河岸、田边、路旁的荒地及草地中。

【利用部位与用途】种子油可供润滑油用。

【采收与加工】果实成熟时，摘取果序，晒干后脱粒，清除杂质，种子即可榨油。

【资源开发与保护】全草入药，内服有解表健胃、止咳化痰、平喘、清热解毒、散热消肿等效；外用治痈肿疮毒及烫伤。茎叶可作家畜饲料，尤适宜喂猪。

Thlaspi arvense L.
遏蓝菜、败酱草、犁头草
十字花科 Cruciferae 菥蓂属植物

菥蓂

【形态特征】一年生草本，高 9—60cm；茎直立，不分枝或分枝，具棱。基生叶倒卵状长圆形，顶端圆钝或急尖，基部抱茎，两侧箭形，边缘具疏齿。总状花序顶生；花白色，花梗细；萼片直立，卵形，顶端圆钝；侧蜜腺成对。半月形，外侧具短附属物，无中蜜腺；花瓣长圆状倒卵形，顶端圆钝或微凹。子房 2 室，柱头头状，近 2 裂；短角果倒卵形或近圆形，扁平，顶端凹入。种子每室 2—8 个，倒卵形，稍扁平，黄褐色，有同心环状条纹。花期 3—4 月，果期 5—6 月。

【分布与生境】秦岭南北坡普遍分布，生于海拔 500—2000m 的山坡、山谷、河岸、田边、路旁的荒地及草地中，为麦田杂草。

【利用部位与用途】种子含油量 28%—34%，种子油属半干性油，可制作肥皂、润滑油及掺和干性使用，亦可食用。

【采收与加工】夏末秋初果实开始枯黄时，割取全株，以免种子散落，采后置于空地晒干，轻轻击打，使种子脱落，除去杂质和泥土，收集种子，贮存于通风干燥处备用。

【资源开发与保护】全草、嫩苗和种子均入药，全草清热解毒、消肿排脓；种子利肝明目；嫩苗和中益气、利肝明目；嫩苗用水焯后，浸去酸辣味，加油盐调食。

青皮木

Schoepfia jasminodora Sieb. et Zucc.
幌幌木
青皮木科 Schoepfiaceae（铁青树科 Olacaceae）青皮木属植物

【形态特征】落叶小乔木或灌木，高3—14m；树皮灰褐色；具短枝，新枝自去年生短枝上抽出，嫩时红色，老枝灰褐色，小枝干后栗褐色。叶纸质，卵形或长卵形，顶端近尾状或长尖，基部圆形；侧脉每边4—5条，略呈红色；叶柄红色。花无梗，3—9朵排成穗状花序状的螺旋状聚伞花序，花序红色；花萼筒杯状，上端有4—5枚小萼齿；花冠钟形或宽钟形，白色或浅黄色，先端具4—5枚小裂齿，裂齿外卷，雄蕊着生在花冠管上，花冠内面着生雄蕊处的下部各有一束短毛；子房半埋在花盘中，下部3室、上部1室，每室具一枚胚珠；柱头通常伸出花冠管外。果椭圆状或长圆形，成熟时几全部为增大成壶状的花萼筒所包围，增大的花萼筒外部紫红色，基部为略膨大的“基座”所承托。花叶同放。花期3—5月，果期4—6月。

【分布与生境】秦岭南坡有分布，生于海拔500—1600m山谷、沟边、山坡、路旁的密林或疏林中。

【利用部位与用途】种仁含油量62%，可制作肥皂和润滑油。

【采收与加工】果实成熟进采下，晒干后除去果肉，取种仁榨油。

【资源开发与保护】本种在秦岭并不多见，《秦岭植物志》没有记载，但作者在秦岭南坡宁陕县采到标本。

Chenopodium album L.
灰菜、灰灰菜
苋科 Amaranthaceae(藜科 Chenopodiaceae) 藜属植物

藜

【形态特征】一年生草本，高30—150cm。茎直立，粗壮，具条棱及绿色或紫红色色条，多分枝；枝条斜升或开展。叶片菱状卵形至宽披针形，先端急尖或微钝，基部楔形至宽楔形，上面通常无粉，有时嫩叶的上面有紫红色粉，下面多少有粉，边缘具不整齐锯齿；叶柄与叶片近等长。花两性，花簇于枝上部排列成或大或小的穗状圆锥状或圆锥状花序；花被裂片5，宽卵形至椭圆形，背面具纵隆脊，有粉，先端或微凹，边缘膜质；雄蕊5，花药伸出花被，柱头2。果皮与种子贴生。种子横生，双凸镜状，边缘钝，黑色，有光泽，表面具浅沟纹；胚环形。花期5—9月，果期7—10月。

【分布与生境】秦岭南北坡普遍分布，为宅旁、路旁、荒地及田间常见的杂草。

【利用部位与用途】种子含油量15%，种子油可供食用、制肥皂和其他工业用。

【采收与加工】果实成熟后，用镰刀割下全株，晒干，用木棒捶打，使种子脱落，除去杂质，收集纯净种子，放置于干燥处。

【资源开发与保护】藜为很难除掉的杂草。幼苗可作蔬菜用，茎叶可喂家畜。全草又可入药，能止泻痢、止痒，可治痢疾腹泻；配合野菊花煎汤外洗，治皮肤湿毒及周身发痒。

地肤

Kochia scoparia (L.) Schrad.

扫帚草、时扫帚

苋科 Amaranthaceae (藜科 Chenopodiaceae) 地肤属植物

【形态特征】一年生草本，高 50—100cm。根略呈纺锤形。茎直立，圆柱状，淡绿色或带紫红色，有多数条棱。叶为平面叶，披针形或条状披针形，先端短渐尖，基部渐狭入短柄，通常有 3 条明显的主脉；茎上部叶较小，无柄，1 脉。花两性或雌性，通常 1—3 个生于上部叶腋，构成疏穗状圆锥状花序，花下有时有锈色长柔毛；花被近球形，淡绿色，花被裂片近三角形；翅端附属物三角形至倒卵形，有时近扇形，膜质，脉不很明显，边缘微波状或具缺刻；花丝丝状，花药淡黄色；柱头 2，丝状，紫褐色，花柱极短。胞果扁球形，果皮膜质，与种子离生。种子卵形，黑褐色。花期 6—9 月，果期 8—10 月。

【分布与生境】秦岭南北坡普遍分布，生于沟旁、路边及荒芜场所，有时庭园中也栽培。

【利用部位与用途】种子含油量 15%，种子油可供食用或供工业用。

【采收与加工】9—10 月枝叶由绿变为红色时，果实成熟，可摘取果枝或用镰刀割下全株，晒干，用木棒捶打，使种子脱落，除去杂质，收集纯净种子，放置于干燥处。

【资源开发与保护】地肤幼苗可作蔬菜；果实称“地肤子”，为常用中药，能清湿热、利尿，治尿痛、尿急、小便不利及荨麻疹，外用治皮肤癣及阴囊湿疹。

灯台树

【形态特征】落叶乔木，高 6—15m；树皮光滑，暗灰色或带黄灰色；当年生枝紫红绿色，二年生枝淡绿色。叶互生，纸质，阔卵形、阔椭圆状卵形或披针状椭圆形，先端突尖，基部圆形或急尖，全缘，中脉在上面微凹陷，下面凸出，微带紫红色，侧脉 6—7 对，弓形内弯，在上面明显，下面凸出，叶柄紫红绿色。伞房状聚伞花序，顶生；花小，白色，花萼裂片 4，三角形；花瓣 4，长圆披针形，先端钝尖，外侧疏生平贴短柔毛；雄蕊 4，着生于花盘外侧，与花瓣互生，花丝线形，白色，花药椭圆形，淡黄色，2 室，丁字形着生；花盘垫状；花柱圆柱形，柱头小，头状，淡黄绿色；子房下位，花托椭圆形。核果球形，成熟时紫红色至蓝黑色；核骨质，球形。花期 5—6 月，果期 7—8 月。

【分布与生境】秦岭南坡有分布，生于海拔 950—2500m 的阔叶林中或山坡上。

【利用部位与用途】种子含油 23%，种子油可制肥皂和润滑油。

【采收与加工】果实成熟后采收，晒干，除去杂质备用。

【资源开发与保护】灯台树树冠形状美观，夏季花序明显，可作为行道树种。树皮含鞣质，可提制栲胶。木材黄白色，纹理直行，可供建筑、器具、雕刻等用。

梾木

Swida macrophylla (Wall.) Soj ά k
椋子木
山茱萸科 Cornaceae 梾木属植物

【形态特征】乔木，高3—15m；树皮灰褐色或灰黑色；幼枝粗壮，灰绿色，有稜角，老枝圆柱形，疏生灰白色椭圆形皮孔及半环形叶痕。叶对生，纸质，阔卵形或卵状长圆形，先端锐尖或短渐尖，基部圆形，边缘略有波状小齿，上面深绿色，下面灰绿色，中脉在上面明显，下面凸出，侧脉5—8对，弓形内弯，在上面明显，下面稍凸起。伞房状聚伞花序顶生；总花梗红色，花白色，有香味；花萼裂片4，宽三角形，稍长于花盘；花瓣4，质地稍厚，舌状长圆形或卵状长圆形，先端钝尖或短渐尖；雄蕊4，与花瓣等长或稍伸出花外；花盘垫状，边缘波状；花柱圆柱形，顶端粗壮而略呈棍棒形，柱头扁平，子房下位，花托倒卵形或倒圆锥形。核果近于球形，成熟时黑色；核骨质，扁球形。花期6—7月，果期9—10月。

【分布与生境】秦岭南坡有分布，生于海拔700—2200m的山坡阔叶林中或针阔叶混交林中。

【利用部位与用途】种子含油量14%，种子油属半干性油，淡黄色，发绿，稠糊。可制肥皂、润滑油，也可食用，但有特殊味道。

【采收与加工】果实成熟变为蓝红色时采收，晒干，用木棒打落种子，除去枝叶、果梗，即可榨油。

【资源开发与保护】梾木树皮及叶均含有鞣质，可提制栲胶；又可作紫色染料。木材供建筑及家具用。

山桐子

Idesia polycarpa Maxim.
水冬瓜、水冬桐
杨柳科 Salicaceae （大风子科 Flacourtiaceae）山桐子属

【形态特征】落叶乔木，高 8—21m；树皮淡灰色；小枝圆柱形，冬日呈侧枝长于顶枝状态，枝条平展，近轮生，树冠长圆形。叶薄革质或厚纸质，卵形或心状卵形，或为宽心形，长 13—16cm，宽 12—15cm，先端渐尖或尾状，基部通常心形，边缘有粗的齿，通常 5 基出脉。花单性，雌雄异株或杂性，黄绿色，有芳香，花瓣缺，排列成顶生下垂的圆锥花序；雄花比雌花稍大；萼片通常 6 片，覆瓦状排列；花丝丝状，花药椭圆形，基部着生，侧裂，有退化子房；雌花比雄花稍小，直径约 9mm；萼片通常 6 片，卵形；子房上位，圆球形，花柱 5 或 6，向外平展，柱头倒卵圆形，退化雄蕊多数，花丝短或缺。浆果成熟期紫红色；种子红棕色，圆形。花期 4—5 月，果熟期 10—11 月。

【分布与生境】秦岭南坡有分布，生长于海拔 550—1000m 间的杂木林中，溪谷湿润处或林缘坡地上。

【利用部位与用途】种子含油量 29%，属干性油。种子油可制肥皂或作润滑油，亦可作桐油代用品，制油漆。

【采收与加工】果实成熟时采收，去掉果皮，收集种子晒干即可榨油。

【资源开发与保护】山桐子在秦岭分布较少，公园有少量栽培。山桐子木材松软，可供建筑、家具、器具等的用材；为山地营造速生混交林和经济林的优良树种；花多芳香，有蜜腺，为养蜂业的蜜源资源植物；树形优美，果实长序，果色朱红，形似珍珠，为山地、园林的观赏树种。

白檀

Symplocos paniculata (Thunb.) Miq.
碎米子树、乌子树
山矾科 Symplocaceae 山矾属

【形态特征】落叶灌木或小乔木；嫩枝有灰白色柔毛，老枝无毛。叶膜质或薄纸质，阔倒卵形、椭圆状倒卵形或卵形，先端急尖或渐尖，基部阔楔形或近圆形，边缘有细尖锯齿；中脉在叶面凹下，侧脉在叶面平坦或微凸起，每边 4—8 条。圆锥花序，苞片早落，通常条形，有褐色腺点；花萼长 2—3mm，萼筒褐色，裂片半圆形或卵形，稍长于萼筒，淡黄色，有纵脉纹，边缘有毛；花冠白色，5 深裂几达基部；雄蕊 40—60 枚，子房 2 室，花盘具 5 凸起的腺点。核果熟时蓝色，卵状球形，稍偏斜，顶端宿萼裂片直立。花期5月，果期 7—8 月。

【分布与生境】秦岭南北坡普遍分布，生于海拔 400—1400m 的山坡、山谷或栽培于住宅旁。以向阳的坡地和近溪边比较湿润的土壤中生长最好。

【利用部位与用途】果实含油量 28%，属干性油。白檀种子油可供制油漆、肥皂等用，又可供食用。

【采收与加工】9—10 月果实成熟时采下果枝，置阳光下曝晒，晒干后打下种子即可。

【资源开发与保护】白檀在秦岭野生资源较为丰富，在干燥和湿润土壤中均能良好生长，且生长迅速，结实累累，是较有发展前途的油源植物之一。叶药用；根皮与叶作农药用。

野茉莉

Styrax japonicus Sieb. et Zucc.
木桔子、君迁子、茉莉苞、野花棓
安息香科 Styracaceae 安息香属植物

【形态特征】灌木或小乔木，高 4—8m，树皮暗褐色或灰褐色，平滑。叶互生，纸质或近革质，椭圆形或长圆状椭圆形至卵状椭圆形，顶端急尖或钝渐尖，常稍弯，基部楔形或宽楔形，边近全缘或仅于上半部具疏离锯齿，侧脉每边 5—7 条，第三级小脉网状，较密，两面均明显隆起。总状花序顶生，有花 5—8 朵，长 5—8cm；有时下部的花生于叶腋；花序梗无毛；花白色，花梗纤细，开花时下垂；花萼漏斗状，膜质，萼齿短而不规则；花冠 5 深裂，裂片卵形、倒卵形或椭圆形，花蕾时作覆瓦状排列；雄蕊 10 枚，花丝扁平，下部联合成管，上部分离，花药长圆形。子房上位，上部 1 室，下部 3 室，核果肉质，干燥，卵形，顶端具短尖头；种子褐色，有深皱纹。花期 4—5 月，果期 7—8 月。

【分布与生境】秦岭南坡普遍分布，生于海拔 950—1400m的山坡林中。属阳性树种，生长迅速，喜生于酸性、疏松肥沃、土层较深厚的土壤中。

【利用部位与用途】果壳含油量 18%，种仁含油量 49%。种仁油可制或作机械用润滑油，也可掺合作油漆用。油粕可作肥料。

【采收与加工】果实成熟后采收，除去果皮，保留果核，晒干备用。

【资源开发与保护】野茉莉木材为散孔材，黄白色至淡褐色，纹理致密，材质稍坚硬，可作器具、雕刻等细工用材；花美丽、芳香，可作庭园观赏植物。

牵牛

Pharbitis nil (L.) Choisy

裂叶牵牛、牵牛花、喇叭花

旋花科 Convolvulaceae 牵牛属植物

【形态特征】一年生草本。全株被粗硬毛。叶互生，近卵状心形，长 8—15cm，常 3 裂，裂口宽而圆，顶端尖，基部心形；叶柄长 5—7cm。花序有花 1—3 朵，总花梗稍短于叶柄；萼片 5，基部密被开展的粗硬毛，裂片条状披针形，长约 2—2.5cm，顶端尾尖；花冠漏斗状，白色、蓝紫色或紫红色，长 5—8cm，顶端 5 浅裂；雄蕊 5；子房 3 室，柱头头状。蒴果球形；种子 5—6 个，卵圆形，无毛。花期 6—9 月，果期 9—10 月。

【分布与生境】秦岭南北坡普遍种植或野生，生于山野灌丛中、墙脚下、路旁等地。

【利用部位与用途】牵牛果实含油量 11%，蛋白质 22%，碳水化合物 44%。油淡棕黄色，无特殊气味，为半干性油。种子油可作润滑油或制肥皂。

【采收与加工】9—10 月果实成熟采收，晒干去壳后备用。

【资源开发与保护】牵牛除栽培供观赏外，种子为常用中药，名丑牛子、黑丑、白丑、二丑（黑、白种子混合），入药多用黑丑，白丑较少用。有泻水利尿、逐痰、杀虫的功效。

圆叶牵牛

Pharbitis purpurea (L.) Voisgt
牵牛花、喇叭花
旋花科 Convolvulaceae 牵牛属植物

【形态特征】一年生草本。株被粗硬毛。茎缠绕，多分枝。叶互生，心形，具掌状脉，顶端尖，基部心形。花序有花 1—5 朵，总花梗与叶柄近等长，小花梗伞形，结果时上部膨大；苞片 2，条形；萼片 5，卵状披针形，顶端钝尖，基部有粗硬毛；花冠漏斗状，紫色、淡红色或白色，顶端 5 浅裂；雄蕊 5，不等长，花丝基部有毛；子房 3 室，柱头头状，3 裂。蒴果球形；种子卵圆形，无毛。花期 6—10 月，果期 9—11 月。

【分布与生境】秦岭南北坡普遍种植或野生，生于海拔 400—2800m 的田边、路边、宅旁或山谷林内，栽培或野生。

【利用部位与用途】圆叶牵牛果实含油量 18%，蛋白质 22%，粗纤维 10%。油淡棕黄色，无特殊气味，为半干性油。种子油可作润滑油或制肥皂。

【采收与加工】果实成熟时，连藤茎割下，打下种子，清除杂质，晒干，装入麻袋，置通风干燥处贮藏备用。

【资源开发与保护】圆叶牵牛除栽培供观赏外，种子药用，具有泄水通便、消痰涤饮、杀虫攻积的功效。

天仙子

Hyoscyamus niger L.
莨菪
茄科 Solanaceae 天仙子属植物

【形态特征】二年生草本，高 30—70cm，全体生有短腺毛和长柔毛。根粗壮，肉质。茎基部有莲座状叶丛。叶互生，矩圆形，基部半抱茎或截形，边缘羽状深裂或浅裂。花单生于叶腋，在茎上端聚集成顶生的穗状聚伞花序；花萼筒状钟形，5 浅裂，裂片大小不等，果时增大成壶状；花冠漏斗状，黄绿色，基部和脉纹紫堇色，5 浅裂；雄蕊 5；子房近球形。蒴果卵球状，由顶端盖裂，藏于宿萼内；种子近圆盘形。花期 6—7 月，果期 8—9 月。

【分布与生境】秦岭南北坡普遍分布，生于海拔 1000—2000m 的山坡、路旁、村旁及河岸沙地上。

【利用部位与用途】种子含油量 22%，种子油可供制肥皂和油漆。

【采收与加工】8—9 月间果实成熟后，割下或拨起全株，晒干，打下种子，簸去杂质，存干燥处，防止霉变。

【资源开发与保护】天仙子的根、叶、种子药用，含莨菪碱及东莨菪碱，有镇痉镇痛之效，可作镇咳药及麻醉剂。

连翘

Forsythia suspensa (Thunb.) Vahl
黄花杆、黄寿丹
木犀科 Oleaceae 连翘属植物

【形态特征】落叶灌木，高可达3m；茎直立，枝条通常下垂，髓中空。叶对生，卵形、宽卵形或椭圆状卵形，边缘除基部以外有粗锯齿，一部分形成羽状三出复叶。先花后叶，花黄色，腋生，通常单生；花萼裂片4，矩圆形，有睫毛，和花冠筒略等长；花冠裂片4，倒卵状椭圆形；雄蕊2，着生在花冠筒基部。蒴果卵球状，二室，基部略狭，表面散生瘤点。花期3—4月，果期7—9月。

【分布与生境】秦岭南北坡普遍分布，生于海拔600—2000m的山坡及沟岸灌丛中。喜生于肥沃、向阳、排水良好的土壤。

【利用部位与用途】种子含油量26%，蛋白质17%，粗纤维13%。油属干性油，棕褐色，较浓稠，气味芳香。种子油可制香皂及化妆品，也是制造油漆的原料。

【采收与加工】果实成熟而未开裂时采收，晒干，果壳开裂，种子脱落，收集备用。

【资源开发与保护】连翘除作园林绿化外，其果实入药，具清热解毒、消结排脓之效，药用其叶，对治疗高血压、痢疾、咽喉痛等效果较好。

小蜡

Ligustrum sinense Lour.
小蜡树、千张树
木犀科 Oleaceae 女贞属植物

【形态特征】落叶灌木或小乔木，高 2—4m。小枝圆柱形。叶对生，单叶，全缘，叶片纸质或薄革质，卵形、椭圆状卵形、长圆形、长圆状椭圆形至披针形，先端锐尖、短渐尖至渐尖，或钝而微凹，基部宽楔形至近圆形，或为楔形，侧脉 4—8 对。圆锥花序顶生或腋生，塔形；花两性，花萼钟状，先端呈截形或呈浅波状齿；花冠白色，近辐状、漏斗状或高脚碟状，花冠管长于裂片或近等长，裂片 4 枚，花蕾时呈镊合状排列；雄蕊 2 枚，着生于近花冠管喉部，内藏或伸出，花萼无毛，长 1—1.5mm；花冠裂片长圆状椭圆形或卵状椭圆形；花丝与裂片近等长或长于裂片，花药长圆形。浆果状核果，近球形，径 5—8mm。花期 6—7 月，果期 9—11 月。

【分布与生境】秦岭北坡有栽培，生于海拔 400—2500m 的路旁、山坡或溪边灌丛中。

【利用部位与用途】种子含油，属不干性油，可制肥皂。

【采收与加工】果实成熟呈黑紫时采收，晒干即可。

【资源开发与保护】小蜡茎皮纤维可制人造棉；果实含淀粉，可酿酒。

糙苏

Phlomis umbrosa Turcz.
白苏、续断、常山
唇形科 Labiatae 糙苏属植物

【形态特征】多年生草本，根肥粗，须根肉质。茎高50—150cm，多分枝，疏被下向短硬毛。茎叶近圆形、圆卵形至卵状矩圆形；苞叶十分变小，卵形，具短柄。轮伞花序多数，生主茎及分枝上，其下有被毛的条状钻形苞片；花萼筒状，萼齿顶端具小刺尖，齿间形成2个不十分明显小齿，边缘被丛毛；花冠白色、粉红或淡紫色；下唇较深色，常具红色斑点，雄蕊4，二强，前对较长，均上升至上唇下。雄蕊内藏，花丝无毛，无附属器。小坚果无毛。花期7—8月，果期9—10月。

【分布与生境】秦岭南北坡普遍分布，生于海拔1000—2600m山坡林下或山谷沟岸旁阴湿处。喜生于湿润肥沃的土壤中。

【利用部位与用途】种子含油量20%。种子油可供制肥皂和润滑油。

【采收与加工】9—10月间果实成熟及时采收，晒干后，打出种子，清除杂质备用。

【资源开发与保护】糙苏根入药，性苦辛、微温，有消肿、生肌、续筋、接骨之功，兼补肝、肾，强腰膝，又有安胎之效。

毛泡桐

Paulownia tomentosa (Thunb.) Steud.
泡桐、桐
泡桐科 Paulowniaceae 泡桐属植物

【形态特征】落叶乔木，高可达 20m；幼枝、幼果密被黏质短腺毛，叶柄及叶下面较少，树皮暗灰色，不规则纵裂，枝上皮孔明显。叶对生，具长柄；叶片心形，全缘或波状浅裂。聚伞圆锥花序的侧枝不很发达，小聚伞花序有花 3—5 朵，有与花梗等长的总花梗，均被星状绒毛；花萼浅钟状，密被星状绒毛，5 裂至中部；花冠淡紫色，筒部扩大，驼曲；雄蕊 4，2 强。蒴果卵圆形，外果皮硬革质。花期 4—5 月，果期 8—9 月。

【分布与生境】秦岭南北坡普遍分布，生于海拔 260—1500m 平原丘陵浅山等地。性喜肥沃土壤，生长甚速。

【利用部位与用途】种子含油量 24%。种子油可供制肥皂和其他工业用油。

【采收与加工】果实成熟而未开裂前摘下，晒干，用木棒轻敲，蒴果开裂，收集种子，清除杂质备用。

【资源开发与保护】毛泡桐因其生长快，较耐干旱与瘠薄，北方常作为绿化树种。

枸骨

【形态特征】常绿灌木或小乔木，高 3—4m；树皮灰白色，平滑。叶硬革质，矩圆状四方形，长 4—8cm，宽 2—4cm，顶端扩大，有硬而尖的刺齿 3，基部平截，两侧各有尖硬刺齿 1—2。花黄绿色，4 数，雌雄异株，簇生二年生的枝上；雄花雄蕊花瓣近等长或稍长，花药长圆状卵形，退化子房近球形；雌花退化雄蕊长为花瓣的 4/5，略长于子房，败育花药卵状箭头形；子房长圆状卵球形，柱头盘状，4 浅裂。果球形，鲜红色，直径 8—10mm，分核 4 颗。花期 4—5 月，果期 10—12 月。

【分布与生境】秦岭南北坡均分布，生于海拔 500—2900m 山坡灌丛、疏林中以及路边、溪旁和村舍附近。

【利用部位与用途】种子含油量 10%。种子油可供制肥皂和其他工业用油。

【采收与加工】果实成熟呈鲜红色时采收，采后去掉果皮，晒干种子，放置通风干燥处。

【资源开发与保护】枸骨树形美丽，果实秋冬红色，挂于枝头，供庭园观赏。其根、枝叶和果入药，有滋补强壮、活络、清风热、祛风湿之功效；树皮可作染料和提制栲胶，木材软韧，可用作牛鼻栓。

牛蒡

Arctium lappa L.
恶实、大力子
菊科 Compositae 牛蒡属植物

【形态特征】二年生草本，具粗大的肉质直根。茎直立，高达 2m，粗壮，基部直径达 2cm，通常带紫红或淡紫红色，有多数高起的条棱。叶互生，通常大型，不分裂，基部通常心形，基生叶宽卵形，边缘稀疏的浅波状凹齿或齿尖，基部心形。茎生叶与基生叶同形或近同形，接花序下部的叶小，基部平截或浅心形。头状花序多数或少数在茎枝顶端排成疏松的伞房花序或圆锥状伞房花序，花序梗粗壮，同型，含有多数两性管状花。总苞卵形或卵球形。总苞片多层，多数。小花紫红色，花冠 5 浅裂。花丝分离；花柱分枝线形，外弯，基部有毛环。瘦果倒长卵形或偏斜倒长卵形，两侧压扁，浅褐色，有多数细脉纹，有深褐色的色斑或无色斑。冠毛多层，浅褐色；冠毛刚毛糙毛状，基部不连合成环，分散脱落。花期 6—7 月，果期 6—9 月。

【分布与生境】秦岭南北坡普遍分布，生于海拔 700—1750m 的村庄路旁、山坡、河滩草地。

【利用部位与用途】种子含油量 25%—30%，属半干性油，种子油可供制肥皂、和润滑油。

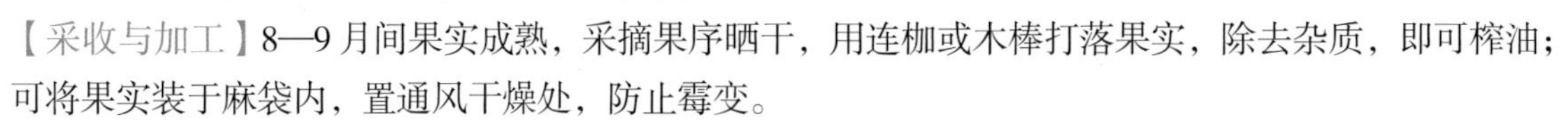

【采收与加工】8—9 月间果实成熟，采摘果序晒干，用连枷或木棒打落果实，除去杂质，即可榨油；可将果实装于麻袋内，置通风干燥处，防止霉变。

【资源开发与保护】由于牛蒡瘦果和根入药，全国各地亦普遍栽培。果实入药，性寒，味辛、苦，疏散风热，宣肺透疹，散结解毒；根入药，有清热解毒、疏风利咽之效。此外，茎皮纤维可造纸。根含有大量菊糖，可酿酒及作蔬菜食用。

苍耳

【形态特征】一年生草本，高 20—90cm。根纺锤状，分枝或不分枝。茎直立不枝或少有分枝，下部圆柱形，上部有纵沟。叶三角状卵形或心形，近全缘，或有 3—5 不明显浅裂，顶端尖或钝，基部稍心形或截形，与叶柄连接处成相等的楔形，边缘有不规则的粗锯齿，有三基出脉，侧脉弧形，直达叶缘。雄性的头状花序球形，有或无花序梗，总苞片长圆状披针形，花托柱状，托片倒披针形，有多数的雄花，花冠钟形，管部上端有 5 宽裂片；花药长圆状线形；雌性的头状花序椭圆形，外层总苞片小，披针形，内层总苞片结合成囊状，宽卵形或椭圆形，绿色，淡黄绿色或有时带红褐色，在瘦果成熟时变坚硬，外面有疏生的具钩状的刺，刺极细而直，基部微增粗或几不增粗，基部被柔毛，常有腺点，或全部无毛；喙坚硬，锥形，上端略呈镰刀状，常不等长，少有结合而成 1 个喙。瘦果 2，倒卵形。花期 7—8 月，果期 9—10 月。

【分布与生境】秦岭南北坡均有分布，生于海拔 300—1700m 的山坡、路旁和河滩等地，为常见杂草。

【利用部位与用途】苍耳子（带总苞的果实）含油量 21%，苍耳子油与桐油性质相仿，但干燥性不强，可掺和桐油制油漆，又可作油墨、肥皂、油毡的原料，还可制硬化油、润滑油。

【采收与加工】苍耳子于秋末成熟，果实黄褐色或灰黑色时即可采集。采集方法：剪下成熟果枝，用棒将果实打入筐篓内，或苍耳子绝大部分成熟后，自近根部割取全植株晒干，打下果实，扬净杂质，盛入麻袋或堆集席囤里，贮于通风干燥处，以防霉烂损坏。采集时要注意保护资源，可适当就地留播一些种子，以便来年繁殖。

【资源开发与保护】苍耳的适应力强，野生资源丰富。植物的总苞具钩状的硬刺，常贴附于家畜和人体上，故易于散布。果实可供药用。

接骨木

Sambucus williamsii Hance

木蒴藋、续骨草、九节风

五福花科 Adoxaceae 接骨木属植物

【形态特征】落叶灌木或小乔木，高 5—6m；老枝淡红褐色，具明显的长椭圆形皮孔，髓部淡褐色。羽状复叶有小叶 2—3 对，侧生小叶片卵圆形、狭椭圆形至倒矩圆状披针形，顶端尖、渐尖至尾尖，边缘具不整齐锯齿，基部楔形或圆形，两侧不对称，叶搓揉后有臭气。花与叶同出，圆锥形聚伞花序顶生，长 5—11cm，宽 4—14cm，具总花梗，花序分枝多成直角开展；花小而密；萼筒杯状，长约 1mm，萼齿三角状披针形，稍短于萼筒；花冠蕾时带粉红色，开后白色或淡黄色，筒短，裂片矩圆形或长卵圆形，长约 2mm；雄蕊与花冠裂片等长，开展，花丝基部稍肥大，花药黄色；子房 3 室，花柱短，柱头 3 裂。果实红色，卵圆形或近圆形；分核 2—3 枚。花期 4—5 月，果期 6—10 月。

【分布与生境】秦岭南北坡普遍分布，生于海拔 800—1500m 的山沟灌木林内。性喜湿润。

【利用部位与用途】种子含油量 27%，可供制肥皂用。

【采收与加工】8—9 月果实成熟时采下，装入缸内，经数日后，果皮腐烂，洗出种子，晒干备用。

【资源开发与保护】嫩叶可食，茎叶供药用，治筋骨折伤、挫伤；花为发汗药。

党参

【形态特征】多年生草本，有乳汁。茎基具多数瘤状茎痕，根常肥大呈纺锤状或纺锤状圆柱形，表面灰黄色，肉质。茎缠绕，有多数分枝，具叶，不育或先端着花，黄绿色或黄白色。叶在主茎及侧枝上的互生，在小枝上的近于对生，叶片卵形或狭卵形，端钝或微尖，基部近于心形，边缘具波状钝锯齿，分枝上叶片渐趋狭窄，叶基圆形或楔形，上面绿色，下面灰绿色，两面疏或密地被贴伏的长硬毛或柔毛。花单生于枝端，与叶柄互生或近于对生，有梗。花萼贴生至子房中部，筒部半球状，裂片宽披针形或狭矩圆形；花冠上位，阔钟状，黄绿色，内面有明显紫斑，浅裂，裂片正三角形，端尖，全缘；花丝基部微扩大，花药长形；柱头有白色刺毛。蒴果下部半球状，上部短圆锥状。种子多数，卵形，无翼，细小，棕黄色，光滑无毛。花期 7—8 月，果期 9—10 月。

【分布与生境】秦岭南北坡普遍分布，生于海拔 1000—1600m 的山坡灌丛及林缘。喜生于富有腐殖质的土壤中。

【利用部位与用途】种子含油量 29%，可供制肥皂用。

【采收与加工】果实成熟时采下，晒干后存放通风干燥处。

【资源开发与保护】党参根为著名的中药材，具补脾、益气、生津强壮之功效；主治脾胃虚弱，气血两亏，体倦无力，食少，口渴，久泻，脱肛。

桔梗

Platycodon grandiflorus (Jacq.) A. DC.
铃当花
桔梗科 Campanulaceae 桔梗属植物

【形态特征】多年生草本，有乳汁。根胡萝卜状。茎直立，茎高20—120cm，不分枝，极少上部分枝。叶全部轮生，部分轮生至全部互生，无柄或有极短的柄，叶片卵形，卵状椭圆形至披针形，长2—7cm，宽0.5—3.5cm，基部宽楔形至圆钝，顶端急尖，边缘具细锯齿。花单朵顶生，或数朵集成假总状花序，或有花序分枝而集成圆锥花序；花萼筒部半圆球状或圆球状倒锥形，被白粉，裂片三角形或狭三角形，有时齿状；花冠大，长1.5—4.0cm，蓝色或紫色。蒴果球状，或球状倒圆锥形，或倒卵状。花期7—8月，果期8—9月。

【分布与生境】秦岭南北坡均分布，生于海拔1100—1200m的山坡林下或草地上，也有栽培。

【利用部位与用途】种子含油量30%，可供工业用。

【采收与加工】种子9月成熟时采下，采下果实，打出种子放通风干燥处。

【资源开发与保护】桔梗根药用，含桔梗皂苷，有止咳、祛痰、消炎（治肋膜炎）等效。

刺楸

Kalopanax septemlobus (Thunb.) Koidz.
鼓钉刺、刺枫树、刺桐、云楸、狼牙棒
五加科 Araliaceae 刺楸属植物

【形态特征】落叶乔木，高约10m，胸径达70cm以上，树皮暗灰棕色；小枝淡黄棕色或灰棕色，散生粗刺；刺基部宽阔扁平，通常长5—6mm，基部宽6—7mm，在茁壮枝上的长达1cm以上，宽1.5cm以上。叶片纸质，在长枝上互生，在短枝上簇生，圆形或近圆形，掌状5—7浅裂，裂片阔三角状卵形至长圆状卵形，长不及全叶片的1/2，茁壮枝上的叶片分裂较深，裂片长超过全叶片的1/2，先端渐尖，基部心形，边缘有细锯齿，放射状主脉5—7条，两面均明显。圆锥花序大，长15—25cm，直径20—30cm；伞形花序有花多数；花白色或淡绿黄色；花瓣5，三角状卵形；雄蕊5；子房2室，花盘隆起；花柱合生成柱状，柱头离生。果实球形，蓝黑色；宿存花柱长2mm。花期7—8月，果期9—10月。

【分布与生境】秦岭南北坡均有分布，生于海拔800—1400m的山坡稀疏灌丛中。

【利用部位与用途】种子含油量39%，可榨油供制肥皂用和工业用。

【采收与加工】9—10月果实成熟即可采集，洗出种子，晒干后放通风干燥处。

【资源开发与保护】刺楸木材纹理美观，有光泽，易施工，供建筑、家具、车辆、乐器、雕刻、箱筐等用材。根皮为民间草药，有清热祛痰、收敛镇痛之效。嫩叶可食。树皮及叶含鞣酸，可提制栲胶。

白芷

Angelica dahurica (Fisch. ex Hoffm.) Benth. et Hook. f. ex Franch. et Sav.
兴安白芷、河北独活
伞形科 Umbelliferae 当归属植物

【形态特征】多年生高大草本，高 1—2.5m。根圆柱形，有分枝，外表皮黄褐色至褐色，有浓烈气味。茎通常带紫色，中空，有纵长沟纹。基生叶一回羽状分裂，有长柄，叶柄下部有管状抱茎边缘膜质的叶鞘；茎上部叶二至三回羽状分裂，叶片轮廓为卵形至三角形，长 15—30cm，宽 10—25cm，叶柄长至 15cm，下部为囊状膨大的膜质叶鞘，常带紫色；末回裂片长圆形，卵形或线状披针形，多无柄，急尖，边缘有不规则的白色软骨质粗锯齿，具短尖头，基部两侧常不等大，沿叶轴下延成翅状；花序下方的叶简化成无叶的、显著膨大的囊状叶鞘。复伞形花序顶生或侧生，花序梗、伞辐和花柄均有短糙毛；伞辐 18—40，中央主伞有时伞辐多至 70；花白色；无萼齿；花瓣倒卵形，顶端内曲成凹头状；花柱比短圆锥状的花柱基长 2 倍。果实长圆形至卵圆形，黄棕色，有时带紫色，背棱扁，厚而钝圆，近海绵质，远较棱槽为宽，侧棱翅状，较果体狭；棱槽中有油管 1，合生面油管 2。花期 7—8 月，果期 8—9 月。

【分布与生境】秦岭南北坡均有栽培，尤其陕西城固县有多年栽培历史。

【利用部位与用途】种子含油量 14%，可榨油供工业用。

【采收与加工】8—9 月果实成熟后，采下晒干，置通风干燥处。

【资源开发与保护】白芷根药用，能发表、祛风除湿，用于治疗伤风头痛、风湿性关节疼痛及腰脚酸痛等症。根的水煎剂有杀虫、灭菌作用，对防治菜青虫、大豆蚜虫、小麦秆锈病等有一定效果。嫩茎剥皮后可供食用。

芳香油植物

芳香油植物是一类含有挥发性物质的植物，这类物质散发于空气中，可使人感受到有香或臭的气味。芳香油植物所含的芳香物质，在植物体内常以“油”的状态存在于某些特殊器官中，如油细胞、油腺或腺毛等。采用压榨法或水蒸气蒸馏法或有机溶剂法提取的挥发油，称为“精油”或“芳香油”。

一般认为，芳香油是植物新陈代谢过程中形成的次生产物，其功用不甚清楚，有认为它有引诱昆虫的作用；有认为它有防御动物或昆虫损害及杀菌的功能；有认为它能起到抵御恶劣环境如干旱的功效；也有认为它是植物之间传递信息的物质。

含有芳香油的植物种类很多，在低等植物中，可以从地衣植物取得芳香油，如橡苔浸膏等。种子植物中，据初步调查，在 60 多个科中均有含芳香油的植物，其中最重要的也有 20 余科，如松科、柏科、金粟兰科、樟科、芸香科、唇形科、木兰科、伞形科、木犀科、禾本科、败酱科、桃金娘科、金缕梅科、蔷薇科、牻牛儿苗科、菊科、莎草科等。在樟科植物中，主要可以取得樟脑油、芳樟油、黄樟油、山苍子油、桂皮油、肉桂油、月桂油、乌药油、楠木油等。在芸香科植物中，主要可以取得甜橙油、橘皮油、橙叶油、橙花油、柚子油、柠檬油、花椒油等。在伞形科植物中主要可以取得胡荽油、莳萝油、芹子油、小茴香油等。在禾本科中主要可以取得香茅油、枫茅油、香根油、柠檬草油等。在唇形科植物中主要可以取得广藿香油、薄荷油、留兰香油、香薷油、罗勒油、荠苧油、百里香油、紫苏油、熏衣草油等。在松柏科中主要可以取得柏木油、松针油、冷杉油等。

其他如木兰科的茴香油、白兰油、五味子油；蔷薇科的玫瑰油；金缕梅科的枫脂；牻牛儿苗科的香叶油；桃金娘科的桉叶油；木犀科的桂花和茉莉花浸膏；败酱科的缬草油、甘松油；菊科的野菊油、山萩油、艾油、蒿油、木香油、苍术硬脂、艾纳香；莎草科的香附油；姜科的山柰油、良姜油等均是可以大量利用的芳香油资源。

芳香油可以存在于整株植物，有的却只存在于枝叶、茎皮、木材、根部或花、果实及种子中。也有的含在根和地下茎中；此外，也有的含在分泌出来的树脂中。植物体芳香油的含量一般都很低，在 1% 以下；有的可达 2%—4%，少数能达 5% 左右。植物花中的含量常在 0.01%—0.1% 之间或更少。提取芳香油时，仅采集这些含香的部分作为原料进行加工。在花朵中含有芳香油的主要有橙花、玫瑰、茉莉、素馨、香堇、白兰等。在茎叶中含有芳香油的主要有薄荷、熏衣草、香茅、香叶天竺葵、藿香、香薷、枫茅等。在枝干中含有芳香油的主要有柏树、芳樟、樟树、檀香等。在根或地下茎含有芳香油的主要有香根、鸢尾、姜、菖蒲、香附等。在树皮中含有芳香油的主要有桂皮等。在果皮中含有芳香油的主要有橘子、柠檬、甜橙、柚等。在种子中含有芳香油的主要有茄香、芫荽等。在树脂中含有芳香油的主要有苏合香、安息香等。

芳香油在化学上是一类复杂的混合物，其组成成分包含几十种到上百种。这些组成成分大都含有 C、H、O 三种元素，也有部分含有 S 和 N 等。一般情况下，这类混合物呈液体油态，只有少数呈易挥发的固态；它们易溶解于乙醚、石油醚、乙醇和氯仿等有机溶剂，也能与油脂随意混合，但难溶于水。

芳香油所含的成分大多数是不饱和的化合物，因此多具有与卤素、卤化氢、水等生成加成物的性质，而这些加成物经适当方法加以分解后，仍能恢复原来的性状。这种性质，在芳香油的精制加工中经常利用。

芳香油和空气、光线接触过久后，往往颜色会变深，性质变稠，甚至会发生沉淀。特别是含萜类较高的芳香油，在空气中易被氧化而聚合成黏稠的高分子化合物。含酯类较高的芳香油则由于所含的酯容易水解而生成酸；含醛类较高的芳香油亦会使醛氧化成酸，特别是单离的醛，变化尤为剧烈；含醇类、酚类、酮类、醚类等较高的芳香油，其化学性质比较稳定，但酚类有腐蚀铁类的性质，遇光易着色；而醇类中，如辛醇、香叶醇等与金属铝易起作用，且在空气、光线的长期接触下易氧化成酸；苄醇和桂醇则虽在密封贮藏中，其表面亦常会氧化成苯、甲醛和桂醛。

由于芳香油具有挥发性，且与空气、光线、水分等接触过久后容易变质，因此在贮藏和运输时，必须分尽水分，装在密闭的容器中，并置于通风阴凉的地方。

云杉

【形态特征】常绿乔木，高达45m；树皮淡灰褐色或淡褐灰色，裂成稍厚的不规则鳞状块片脱落。枝通常轮生，一年生枝淡褐黄、褐黄、淡黄褐或淡红褐色，叶枕有明显或不明显的白粉，基部宿存芽鳞反曲。冬芽圆锥形，有树脂。叶四棱状条形，在小枝上面直展、微弯，下面及两侧之叶上弯，先端微尖或急尖，横切面四菱形，四面有粉白色气孔线，上两面各有4—8条，下两面各有4—6条。球果圆柱长圆形，上端渐窄，熟前绿色，熟时淡褐或褐色。种子倒卵圆形。花期4—5月，球果9—10月成熟。

【分布与生境】秦岭南北坡均有分布；多生于海拔2000—2500m的北向上坡。云杉系浅根性树种，稍耐荫，能耐干燥及寒冷的环境条件，在气候凉润、土层深厚、排水良好的微酸性棕色森林土地生长迅速，发育良好。

【利用部位与理化成分】根、木材、枝丫及叶均可提取芳香油。针叶含油率0.1%—0.5%。主要成分有莰烯、β-蒎烯、γ-萜品烯、樟脑、龙脑等。

【采收与加工】云杉叶可常年采收，或利用修枝采收叶子。鲜叶采收后清除树枝即可加工，最好随采随加工，时间稍长，叶色变黄且易发热。

【资源开发与保护】云杉是我国特有树种。木材黄白色，较轻软，纹理直，结构细，有弹性，可作建筑、飞机、枕木、舟车、器具、家具及木纤维工业原料等用材。树干可割取松脂。树皮可提树脂。材质优良，生长快，适应性强，宜选为分布区内的造林树种。

圆柏

Sabina chinensis (L.) Ant.
桧、刺柏、红心柏
柏科 Cupressaceae 圆柏属植物

【形态特征】常绿乔木，高达 20m；树皮深灰色，纵裂，成条片开裂；幼树的枝条通常斜上伸展，形成尖塔形树冠，老则下部大枝平展，形成广圆形的树冠；小枝通常直或稍成弧状弯曲，生鳞叶的小枝近圆柱形或近四棱形。叶二型，即刺叶及鳞叶；刺叶生于幼树之上，老龄树则全为鳞叶，壮龄树兼有刺叶与鳞叶；生于一年生小枝的一回分枝的鳞叶三叶轮生，直伸而紧密，近披针形，先端微渐尖，背面近中部有椭圆形微凹的腺体；刺叶三叶交互轮生，斜展，疏松，披针形，先端渐尖，上面微凹，有两条白粉带。雌雄异株，雄球花黄色，椭圆形，雄蕊 5—7 对，常有 3—4 花药。球果近圆球形，径 6—8mm，两年成熟，熟时暗褐色，被白粉或白粉脱落，有 1—4 粒种子，种子卵圆形。花期 4 月，果期 10 月。

【分布与生境】秦岭南北坡普遍分布，多生于海拔 1500m 的山坡丛林中。秦岭各地广泛栽培。喜光，喜温凉、温暖气候及湿润的中性土、钙质土及微酸性土上。

【利用部位与理化成分】树根、树干和枝叶可提取柏木脑的原料及柏木油。圆柏中柏木油含量较低，但香气独特，常用作配制化妆品及皂用香精的原料。主要成分为柏木醇、香柏油烃及萜烯。

【采收与加工】柏木油的生产主要利用伐桩、树根、木屑肥及伐木区现场收集枝叶、树根、杈干主要利用木材部分，加工前劈成细碎木片。加工采用蒸馏法提取柏木油。

【资源开发与保护】圆柏心材淡褐红色，边材淡黄褐色，有香气，坚韧致密，耐腐力强。可作房屋建筑、家具、文具及工艺品等用材；枝叶入药，能祛风散寒、活血消肿、利尿；种子可提润滑油。是普遍栽培的庭园树种。

Platycladus orientalis (L.) Franco
香柯树、香树、扁桧、香柏、黄柏
柏科 Cupressaceae 侧柏属植物

侧柏

【形态特征】常绿乔木，高达 20m；小枝扁平，排成一平面，直展。鳞形叶交互对生，叶背中部均有腺槽。雌雄同株；球花单生短枝顶端。球果当年成熟，卵圆形，熟前肉质，蓝绿色，被白粉，熟后木质，张开，红褐色；种鳞 4 对，扁平，背部近顶端有反曲的尖头，中部种鳞各有种子 1—2 粒；种子卵圆形或长卵形，无翅或有棱脊。花期 3—4 月，果期 11 月。

【分布与生境】侧柏多生于海拔 600—1500m 之间，是秦岭北坡低山丘陵区的主要树种，但南坡也有分布；侧柏为阳性树种，抗旱性强，喜生于石灰岩土坡。

【利用部位与理化成分】侧柏叶含精油，主要化学成分为 α－侧柏烯、α－蒎烯、α－小茴香烯和桧烯等；其木材（树干）含精油，主要化学成分是 α－柏木烯、罗汉柏烯、柏木烯醇和愈创木醇等；其树皮含精油，主要化学成分是 α－侧柏烯、α－蒎烯、β－水芹烯和月桂烯；其干果壳中含精油，主要化学成分为柏木烯醇、松油醇等。

【采收与加工】侧柏树干必须用刀切成薄片再行蒸馏，枝叶采摘后即行加工，否则影响出油。一般采用水蒸气蒸馏法提取精油。

【资源开发与保护】侧柏为中国特产，寿命很长，常有百年和数百年以上的古树。侧柏耐旱，常为阳坡造林树种，也是常见的庭园绿化树种，木材可供建筑和家具等用材，叶和枝入药，可收敛止血、利尿健胃、解毒散瘀；种子有安神、滋补强壮之效。

银线草

Chloranthus japonicus Sieb

四叶七、白毛七、金刚七、四块瓦、四叶细辛、四大天王

金粟兰科 Chloranthaceae 金粟兰属植物

【形态特征】多年生草本；高 25—50cm；根状茎横走，分枝。叶对生，通常 4 片生于茎上部，纸质，宽椭圆形，边缘有锐锯齿，齿尖有一腺体。穗状花序单个，顶生，连总花梗长 3—5cm；苞片通常不裂，肾形或卵形；花两性，无花被；雄蕊 3，条形，基部合生为一体，水平伸展或向上弯，中间的 1 个无花药，侧生的 2 个各有 1 个 1 室的花药，花后雄蕊脱落；子房卵形。核果倒卵形。花期 4—5 月，果期 6—7 月。

【分布与生境】秦岭南北坡普遍分布，生于海拔 1300—2300m 山坡或山谷腐殖土厚、疏松、阴湿而排水良好的杂木林下。

【利用部位与理化成分】根及根状茎含芳香油 0.55%。

【采收与加工】采掘根状茎，经阴干后即可提取芳香油。将干根切碎用水蒸气蒸馏。

【资源开发与保护】银线草根状茎和全草药用，能祛湿散寒、活血止痛、散瘀解毒。主治风寒咳嗽、风湿痛、闭经；外用治跌打损伤、血肿痛、毒蛇咬伤等。有毒。5%的水浸液可杀灭孑孓。

多穗金粟兰

【形态特征】多年生草本，高16—50cm；根状茎粗壮；茎下部节上生一对鳞片叶。叶对生，通常4片，坚纸质，椭圆形至卵状椭圆形或宽卵形，顶端渐尖，基部宽楔形至圆形，边缘具粗锯齿或圆锯齿，齿端有一腺体，腹面亮绿色，背面沿叶脉有鳞屑状毛，侧脉6—8对，两脉明显。穗状花序多条，粗壮，顶生和腋生；苞片宽卵形或近半圆形；花白色；雄蕊1—3枚，若为1个雄蕊则花药卵形，2室；若为3个雄蕊时，则中央花药2室，而侧生花药1室，且远比中央的小；药隔与药室等长或稍长；子房卵形，无花柱，柱头截平。核果球形，绿色。花期5—7月，果期8—9月。

【分布与生境】秦岭南坡洋县、宁陕、略阳等地有分布，生于海拔1000—1500m的山坡林下阴湿地及沟谷溪流旁草丛。

【利用部位与理化成分】多穗金粟兰根及根状茎含芳香油0.50%，主要成分为金粟兰内酯。

【采收与加工】采掘根状茎，经阴干后即可提取芳香油。将干燥根状茎用超临界 CO_2 提取挥发油。

【资源开发与保护】多穗金粟兰根和根状茎和全草药用，能祛湿散寒、活血止痛、散瘀解毒，主治风寒咳嗽、风湿痛、闭经；外用治跌打损伤、血肿痛、毒蛇咬伤等。有毒。

细辛

Asarum sieboldii Miq.
华细辛、盆草细辛
马兜铃科 Aristolochiaceae 细辛属植物

【形态特征】多年生草本；根状茎直立或横走。叶片通常两枚，心形或卵状心形，先端渐尖或急尖，基部深心形，顶端圆形，叶面疏生短毛，脉上较密，叶背仅脉上被毛。花紫黑色；花被管钟状，内壁有疏离纵行脊皱；花被裂片三角状卵形，直立或近平展；雄蕊着的生子房中部，花丝与花药近等长或稍长，药隔突出，短锥形；子房半下位或几近上位，球状，花柱较短，顶端2裂，柱头侧生。果近球状，棕黄色。花期4—5月，果期6月。

【分布与生境】产于秦岭南北坡，多生于海拔1000—2000m间的山坡林下。喜冷凉气候和阴湿环境，喜土质疏松、肥沃的壤土或砂质壤土。

【利用部位与理化成分】细辛根含挥发油，其主要成分有：正癸烷、3,5-二甲氧基甲苯、优葛缕酮、1,8-桉叶素、丁香醛、黄樟醚、甲基丁香酚、2,4,6-三甲氧基甲苯、肉豆蔻醚、正十五烷等。

【采收与加工】干燥根用超临界CO_2提取细辛挥发油。

【资源开发与保护】细辛全草可入药，具有祛风散寒、通窍止痛、温肺化饮的功效。含细辛的兽药用于治咳嗽喘、便秘；含细辛的农药作杀虫剂和杀菌剂；细辛精油可用于化妆品、医药等行业；此外由于细辛中所含挥发油具有特殊芳香气味，国外使用细辛作为建筑材料的防蛀填料和防蚊驱虫原料。

Illicium henryi Diels
红毒茴、山木蟹、木蟹、山桂花、大茴、披针叶茴香、莽草
五味子科 Schisandraceae 八角属植物

红茴香

【形态特征】灌木或乔木，高3—8m；树皮灰褐色至灰白色。叶互生或2—5片簇生，革质，倒披针形，长披针形或倒卵状椭圆形，先端长渐尖，基部楔形。中脉在叶上面下凹，在下面突起，侧脉不明显。叶柄上部有不明显的狭翅。花粉红至深红，暗红色，腋生或近顶生，单生或2—3朵簇生。花梗细长，花被片10—15，最大的花被片长圆状椭圆形或宽椭圆形。雄蕊11—14枚，药室明显凸起。心皮通常7—9枚，花柱钻形。蓇葖果，7—9聚生，先端明显钻形，细尖。花期4—6月，果期8—10月。

【分布与生境】秦岭南坡有分布，生于海拔750—1500m的山坡或沟旁林荫中或灌丛中。

【利用部位与理化成分】红茴香叶中主要含有芳香油，可药用也可作香料，其化学成分主要为α-蒎烯、乙酸龙脑酯及微量致癌物质黄樟油素等。红茴香果皮中细辛醚和甲基丁子香酚等。红茴香根茎的化学成分主要是倍半萜烯内酯、花旗松素和木脂素等。

【采收与加工】红茴香采叶宜在春夏季，采果在9—10月。采集后采用水蒸气蒸馏法提取芳香油。

【资源开发与保护】叶绿花红美丽，可栽培作规赏和经济树种。叶、果含芳香油，但果有剧毒，不能作食用香料。但其根和根皮可入药活血止痛、祛风除湿、主治跌打损伤、风寒湿痹、腰腿痛等。

含笑花

Michelia figo (Lour.) Spreng.
含笑
木兰科 Magnoliaceae 含笑属植物

【形态特征】常绿灌木，高2—3m，树皮灰褐色，分枝繁密；芽、嫩枝，叶柄，花梗均密被黄褐色绒毛。叶革质，狭椭圆形或倒卵状椭圆形，长4—10cm，宽1.8—4.5cm，先端钝短尖，基部楔形或阔楔形，上面有光泽，下面中脉上留有褐色平伏毛。花直立，长12—20mm，宽6—11mm，淡黄色而边缘有时红色或紫色，具甜浓的芳香，花被片6，肉质，较肥厚，长椭圆形，长12—20mm，宽6—11mm；雄蕊长7—8mm，药隔伸出成急尖头，雌蕊群无毛，长约7mm，超出于雄蕊群；雌蕊群柄长约6mm，被淡黄色绒毛。聚合果长2—3.5cm；蓇葖卵圆形或球形，顶端有短尖的喙。花期3—5月，果期7—8月。

【分布与生境】秦岭南北坡均有栽培。

【利用部位与理化成分】花有水果香，可提芳香油，花瓣可拌入茶叶制成花茶，或供药用。

【采收与加工】春夏两季开花期采收花朵，随采随加工。精油的提取一般采用的方法有水蒸气蒸馏法提取。

【资源开发与保护】含笑花在秦岭地区以栽培为主，资源量较少。因其开花时，含蕾不尽开，故称“含笑花”。

玉兰

Magnolia denudata Desr.
木兰、玉堂春、姜朴、迎春花、白玉兰、应春花
木兰科 Magnoliaceae 木兰属植物

【形态特征】落叶乔木，高达25m，枝广展形成宽阔的树冠，树皮深灰色，粗糙开裂，冬芽及花梗密被淡灰黄色长绢毛。叶纸质，倒卵形、宽倒卵形或倒卵状椭圆形，基部徒长枝叶椭圆形，先端宽圆、平截或稍凹，具短突尖，中部以下渐狭成楔形，叶上深绿色，下面淡绿色，侧脉每边8—10条，网脉明显。花蕾卵圆形，花先叶开放，直立，芳香；花梗显著膨大，密被淡黄色长绢毛；花被片9片，白色，基部常带粉红色，近相似，长圆状倒卵形。雄蕊侧向开裂，雌蕊群淡绿色，无毛，圆柱形，雌蕊狭卵形。聚合果圆，柱形。蓇葖厚木质，褐色，具白色皮孔；种子心形，侧扁，外种皮红色，内种皮黑色。花期2—3月（亦常于7—9月再开一次花），果期8—9月。

【分布与生境】秦岭南北坡均有野生或栽培，玉兰性喜光，较耐寒，可露地越冬。爱干燥，忌低湿，栽植地渍水易烂根。喜肥沃、排水良好而带微酸性的砂质土壤，在弱碱性的土壤上亦可生长。

【利用部位与理化成分】玉兰叶含精油，其主要化学成分为桧烯、1,8-桉叶油素、β-月桂烯、对伞花烃和β-石竹烯等。其花含有挥发油，主要为柠檬醛、丁香油酸等，还含有木兰花碱、生物碱、望春花素、癸酸、芦丁、油酸、维生素A等成分。

【采收与加工】玉兰精油的提取一般采用的方法有水蒸气蒸馏法提取、微波辅助无溶剂萃取法和索氏提取法等。

【资源开发与保护】玉兰材质优良，纹理直，结构细，供家具、图板、细木工等用；花蕾入药与“辛夷”功效同；花含芳香油，可提取配制香精或制浸膏；花被片食用或用以熏茶；种子榨油供工业用。为驰名中外的庭园观赏树种。玉兰花含有丰富的维生素、氨基酸和多种微量元素，有祛风散寒、通气理肺之效，可加工制作小吃，也可泡茶饮用。

紫玉兰

Magnolia liliflora Desr.
木兰、辛夷
木兰科 Magnoliaceae 玉兰属植物

【形态特征】落叶灌木，高达 3m，常丛生，树皮灰褐色，小枝绿紫色或淡褐紫色。叶椭圆状倒卵形或倒卵形，先端急尖或渐尖，基部渐狭沿叶柄下延至托叶痕，上面深绿色，下面灰绿色；花蕾卵圆形，被淡黄色绢毛；花叶同时开放，瓶形，直立于粗壮，稍有香气；花被片 9—12，外轮 3 片萼片状，紫绿色，披针形，常早落，内两轮肉质，外面紫色或紫红色，内面带白色，花瓣状，椭圆状倒卵形；雄蕊紫红色，侧向开裂，药隔伸出成短尖头；雌蕊群淡紫色。聚合果深紫褐色，变褐色，圆柱形；成熟蓇葖近圆球形，顶端具短喙。花期 3—4 月，果期 8—9 月。

【分布与生境】秦岭南坡有野生，南北坡均有栽培，生于海拔 300—1600m 的山坡林缘。

【利用部位与理化成分】紫玉兰花含挥发油，其主要成分有庚醛、α－蒎烯、β－蒎烯、月桂烯、对伞花烃、桉叶油素、胡椒烯、丁香烯、大根香叶烯、榄香醇、蓝桉醇等。

【采收与加工】紫玉兰精油的提取采用的是水蒸气蒸馏法。在花期采收花蕾，随采随即加工。

【资源开发与保护】紫玉兰花朵艳丽怡人，芳香淡雅，孤植或丛植都很美观，树形婀娜，枝繁花茂，是优良的庭园、街道绿化植物，为我国有 2000 多年栽培历史的传统花卉。树皮、叶、花蕾均可入药；花蕾晒干后称辛夷，气香、味辛辣，主治鼻炎、头痛，作镇痛消炎剂，为我国 2000 多年传统中药，亦作玉兰、白兰等木兰科植物的嫁接砧木。

荷花玉兰

【形态特征】常绿乔木；树皮淡褐色或灰色，薄鳞片状开裂；小枝粗壮，具横隔的髓心；叶厚革质，椭圆形，长圆状椭圆形或倒卵状椭圆形，长10—20cm，宽4—7cm，先端钝或短钝尖，基部楔形，叶面深绿色，有光泽；侧脉每边8—10条。花白色，有芳香，直径15—20cm；花被片9—12，厚肉质，倒卵形，长6—10cm，宽5—7cm；雄蕊长约2cm，花丝扁平，紫色，花药内向，药隔伸出成短尖；雌蕊群椭圆体形，密被长绒毛；心皮卵形，花柱呈卷曲状。聚合果圆柱状长圆形或卵圆形，长7—10cm，径4—5cm，密被褐色或淡灰黄色绒毛；蓇葖背裂，背面圆，顶端外侧具长喙；种子近卵圆形或卵形，外种皮红色。花期5—6月，果期9—10月。

【分布与生境】秦岭南北坡广泛栽培，性喜肥沃湿润的土壤。

【利用部位与理化成分】叶、幼枝和花可提取芳香油，其主要化学组成为柠檬醛、丁香油酸等。花可制成浸膏，在香料上用作调制香精原料。

【采收与加工】花期采收鲜花，进行加工。浸提法浸制浸膏后，还可用蒸馏法提取芳香油。

【资源开发与保护】荷花玉兰花大，白色，状如荷花，芳香，为美丽的庭园绿化观赏树种，适生于湿润肥沃土壤，对二氧化硫、氯气、氟化氢等有毒气体抗性较强，也耐烟尘。木材黄白色，材质坚重，可供装饰材用。种子榨油，含油率42.5%。

蜡梅

Chimonanthus praecox (Linn.) Link
金梅、腊梅、蜡花、黄梅花
腊梅科 Calycanthaceae 腊梅属植物

【形态特征】落叶灌木，高达 4m；幼枝四方形，老枝近圆柱形，灰褐色。叶纸质至近革质，卵圆形、椭圆形或宽椭圆形至卵状椭圆形，叶顶端急尖至渐尖，有时具尾尖，基部急尖至圆形，只有叶背脉上被疏微毛。花着生于其两年生枝条叶腋内，先花后叶，芳香；花被片圆形、长圆形、倒卵形、椭圆形或匙形，内部花被片比外部花被片短，基部有爪；雄蕊与花丝等长，花药向内弯；心皮基部被疏硬毛，花柱长达是子房 3 倍，基部被毛。果托木质化，坛状或倒卵状椭圆形，口部收缩，并具有钻状披针形的被毛附生物。花期 11 月至翌年 3 月，果期 4—11 月。

【分布与生境】秦岭南北坡均有野生或栽培，常生于海拔 600—1100m 的山谷中岩石上或灌丛中。性喜阳光，能耐荫、耐寒、耐旱，忌渍水。

【利用部位与理化成分】蜡梅花含挥发油，油中有龙脑、桉油精、芳樟醇、洋蜡梅碱、异洋蜡梅碱、蜡梅苷、α-胡萝卜素、亚油酸、油酸等。叶中含蜡梅碱、洋蜡梅碱、异洋蜡梅碱，鲜叶含氰氢酸。种子含脂肪油、脂肪酸、亚油酸、亚麻酸等。

【采收与加工】蜡梅花在花期采收，随采随即加工，常用水蒸气蒸馏法进行加工。

【资源开发与保护】蜡梅在百花凋零的隆冬绽蕾，斗寒傲霜，利于庭院栽植，又适作古桩盆景和插花与造型艺术，是冬季赏花的理想名贵花木。它更广泛地应用于城乡园林建设。其花含多种芳香物质，是制高级花茶的香花之一，它提炼而成的高级香料，在国际市场上 1000g 相当于 5000g 黄金的价格。此外，蜡梅花味微甘、辛、凉，有解暑生津、开胃散郁、解毒生肌、止咳的效果，主治暑热头晕、呕吐、热病烦渴、气郁胃闷、咳嗽等。其果实古称土巴豆，有毒，可以做泻药，不可误食。

Lindera glauca
牛筋条、雷公电、雷公树、香楂子、铁箍散
樟科 Lauraceae 山胡椒属植物

山胡椒

【形态特征】落叶灌木或小乔木，高可达 8m；树皮平滑，灰色或灰白色。幼枝条白黄色。叶互生，宽椭圆形、椭圆形、倒卵形到狭倒卵形，上面深绿色，下面淡绿色，纸质，羽状脉，侧脉每侧 5—6 条；叶枯后不落，翌年新叶发出时落下。伞形花序腋生，总梗短，生于混合芽中的总苞片绿色膜质，每总苞有 3—8 朵花。雄花花被片黄色，椭圆形，内、外轮几相等；雄蕊 9，近等长，第三轮的基部着生 2 具角突宽肾形腺体，雌蕊退化，细小，椭圆形；雌花花被片黄色，椭圆或倒卵形，内、外轮几相等；雄蕊退化条形，第三轮的基部生有 2 个不规则肾形腺体，腺体柄与退化雄蕊中部以下合生；子房椭圆形，柱头盘状。花期3—4 月，果期 7—8 月。

【分布与生境】秦岭南北坡均分布，主要产于秦岭南坡，生于海拔 600—1700m 的丘陵及山坡灌丛中。为阳性树种，喜光照，也稍耐阴湿，抗寒力强，以湿润肥沃的微酸性砂质土壤生长最为良好。喜光，耐干旱瘠薄，对土壤适应性广。深根性。生于山野荒坡上。

【利用部位与理化成分】果皮和叶子含精油，其主要成分为 α－蒎烯、β－蒎烯、罗勒烯、1,8- 桉叶油素和龙脑等。种子中含脂肪酸，其中癸酸 55.27%、月桂酸 32.21%，还含硬脂酸、棕榈酸、肉豆蔻酸、辛酸等。

【采收与加工】山胡椒夏秋两季均可采收。用鲜叶加工，加工采用水蒸气蒸馏和溶剂提取法。

【资源开发与保护】由于种子繁殖较易，管理简单，可以为城市绿化服务。其种子、叶片、果实等富含芳香油、脂肪，可作药用，有一定的经济价值。如利用其直立性及叶面深绿、秋季变红、冬季枯叶不落的习性，在园林中可作绿篱、林缘或墙垣的装饰。

三桠乌药

Lindera obtusiloba Bl. Mus. Bot.
红叶甘檀、甘橿、香丽木、猴楸树、橿军、大山胡椒
樟科 Lauraceae 山胡椒属植物

【形态特征】落叶乔木或灌木，高 3—10m；树皮黑棕色。小枝黄绿色，当年枝条较平滑，有纵纹，老枝渐多木栓质皮孔、褐斑及纵裂。叶互生，近圆形至扁圆形，全缘或 3 裂，常明显 3 裂，上面深绿，下面绿苍白色，有时带红色；主脉 3，基出较明显。花序腋生于混合芽内，混合芽椭圆形，先端急尖，外被 2 片革质芽鳞，棕黄色有皱纹，内面鳞片近革质。混合芽内有花芽 1—2，花芽内有花序 5—6，无总梗；每个花芽具 4 枚总苞片，5 朵花。雄花花被片 6，能育雄蕊 9，第三轮的基部着生 2 个具长柄宽肾形具角突的腺体，第二轮的基部有时也有 1 个腺体；雌蕊退化。雌花花被片 6，雄蕊退化，呈条片形，基部有 2 个具长柄腺体；子房椭圆形，花柱短，花未开放时沿子房向下弯曲。果呈椭圆形，成熟时红色，后变紫黑色，干时黑褐色。花期 3—4 月，果期 8—9 月。

【分布与生境】秦岭南北坡均分布，常生于海拔 750—2500m 的山坡上或山谷杂木林中。耐寒。

【利用部位与理化成分】三桠乌药的果皮和鲜叶含精油 0.9%—1.1%，主要成分为樟脑、α－蒎烯、莰烯、β－蒎烯、β－月桂烯、顺式－罗勒烯和石竹烯等。三桠乌药树皮及茎枝中也含挥发油，主要成分为醇类、萜类和少量氧化物、酯类化合物及其他物质。种子含油达 60%，可用作医药及轻工业原料。

【采收与加工】枝叶可在夏秋两季采摘。枝叶经采收后应随即加工蒸馏，勿堆积过久而影响芳香油的产量和质量。果熟时采摘，除去果核的外皮，随时水蒸气蒸馏法蒸馏取油。

【资源开发与保护】种子含油达 60%，可用于医药及轻工业原料。木材致密，可作细木工用材。三桠乌药为野生油料、芳香油及药用树种。其花漂亮，可作观赏树种。

木姜子

Litsea pungens Hemsl.

辣姜子、黄花子、山胡椒、腊梅柴、滑叶树、山姜子

樟科 Lauraceae 木姜子属植物

【形态特征】落叶小乔木，高 3—7m。叶簇聚生于枝端，纸质，披针形或倒披针形，叶初有绢丝状短柔毛，后渐变为平滑。花单性，雌雄异株；伞形花序，由 8—12 朵花组成，具短梗，每朵小花具花梗，细小。花先于叶开放，总苞片早落；花黄色，花被 6，倒卵形；花药 4 室，瓣裂，全内向，花丝基部有细毛；雌花较大。核果，球形，蓝黑色；果梗上部稍肥大。花期 3—4 月，果期 8—9 月。

【分布与生境】秦岭南北坡均有分布，较普遍，为常见树种；生于海拔 700—2000m 的山坡上，喜湿润气候，喜光，在光照不足的条件下生长发育不良。适合生于上层深厚、排水良好的酸性红壤、黄壤以及山地棕壤。

【利用部位与理化成分】叶和果实含芳香油，主要化学成分为柠檬醛、牻牛儿醇、柠檬烯、1,3,3- 三甲基 -2- 氧杂二环辛烷等。木姜子果含挥发油 3%—5%，脂肪油 25%。种仁含油 55.4%，主要成分为月桂酸 39.5%、癸酸 41.7%，还含十二碳烯酸 8.1%、癸烯酸 2.7%、十四碳烯酸 1.0%。

【采收与加工】果实成熟时采收，趁鲜提出芳香油，并采用水蒸气蒸馏法提取芳香油。

【资源开发与保护】果实含的芳香油可用来配制化妆品、食品和皂用香精，亦可作为提取柠檬醛的原料。其果实入药具有温中行气、止痛、燥湿、健脾消食、解毒消肿的功效，主胃寒腹痛、暑湿吐泻、食滞饱胀、痛经、疝痛、疟疾、疮疡肿痛等。

樟

Cinnamomum camphora (L.) presl
香樟、芳樟、油樟、樟木、乌樟、瑶人柴
樟科 Lauraceae 樟属植物

【形态特征】常绿大乔木，高可达30m，树冠广卵形。枝、叶及木材均有樟脑气味。树皮黄褐色，有不规则的纵裂。叶互生，卵状椭圆形，先端急尖，基部宽楔形至近圆形，边缘全缘，软骨质，有时呈微波状，上面绿色或黄绿色，下面黄绿色或灰绿色，具离基三出脉，中脉两面明显。圆锥花序腋生，具梗；花绿白或带黄色；花被筒倒锥形，花被裂片椭圆形。能育雄蕊9，花丝被短柔毛。退化雄蕊3，位于最内轮，箭头形。子房球形，花柱长约1mm。果卵球形或近球形，直径6—8mm，紫黑色；果托杯状，顶端截平，具纵向沟纹。花期4—5月，果期8—11月。

【分布与生境】秦岭南坡有分布，常生于山坡或沟谷中，但常有栽培的。在砂土或黏土上均能生长。

【利用部位与理化成分】樟树的树叶、树干和树根均可提取樟脑和樟油，树皮和根部含芳香油量为3%—5%。油的主要成分为30%—55%樟脑，14%—22%桉叶醇，10%以下黄樟油素，单萜、倍半萜和倍半萜醇等。

【采收与加工】秋冬季节，樟叶的含脑量最高，一般都于秋冬季采摘樟叶制脑，采摘时每株至少留存1/5叶子，采摘的叶应阴干，然后用水蒸气蒸馏法制取。

【资源开发与保护】木材及根、枝、叶可提取樟脑和樟油，樟脑和樟油供医药及香料工业用。果核含脂肪，含油量约40%，油供工业用。根、果、枝和叶入药，有祛风散寒、强心镇痉和杀虫等功能。木材又为造船、橱箱和建筑等用材。

菖蒲

Acorus calamus L.

臭蒲、泥菖蒲、水剑草、水菖蒲、剑叶菖蒲、大叶菖蒲、大菖蒲

天南星科 Araceae 菖蒲属植物

【形态特征】多年生草本。根茎横走，稍扁，有分枝，具芳香味，根多数肉质，具毛发状须根。叶基生，基部两侧叶鞘膜质，向上渐狭，至叶长1/3处渐行消失或脱落。叶片剑状线形，草质，绿色，光亮。叶中肋在两面均明显隆起，侧脉3—5对，平行，纤弱，多数伸延至叶尖。花序柄三棱形，叶状佛焰苞剑状线形，肉穗花序斜向上或近直立，狭锥状，圆柱形。花黄绿色，子房长圆柱形。浆果长圆形，红色。花期6—7月，果期8月。

【分布与生境】秦岭南北坡均有分布，生于低山区或平原区的沼泽、溪流或稻田边。

【利用部位与理化成分】根状茎含芳香油1.5%—3.5%，可提取芳香油，经精制后用于化妆品香精和皂用香精。芳香油主要成分为甲基丁香酚、倍半萜烯、正庚酸等。

【采收与加工】宜于春秋雨季采掘根部，除去须根，洗净，阴干或晒干，水蒸气蒸馏法制取芳香油。

【资源开发与保护】菖蒲根状茎还含有淀粉，提取芳香油后可用于酿酒，叶为纤维原料。根状茎供药用，能开窍化痰，辟秽杀虫。

百合

Lilium brownii var. *viridulum* Baker

野百合、中逢花、百合蒜、大师傅蒜、蒜脑薯、夜合花

百合科 Liliaceae 百合属植物

【形态特征】多年生草本，高 0.7—1.5m。鳞茎球形，淡白色，暴露部分紫色，先端常如荷花状开放，下面生多数须根。其茎直立，圆柱形，无分枝，有的存在斑点为褐紫色。叶互生，无叶柄，披针形至椭圆状披针形，叶脉 5 条，平行。花单生于茎顶，大而美丽，极香；花被漏斗状，白色而背带褐色。裂片 6，向外张开或稍外卷，每片的基部有一蜜腺槽，蜜腺槽和花丝具短柔毛或乳头状突起；雄蕊 6，短于花被裂片，花柱极长，柱头 3 裂，子房圆柱形。蒴果 3 室，室间开裂，有种子多数。花期 5—7 月，果期 8—10 月。

【分布与生境】秦岭南北坡均分布，生于海拔 800—1500m 的山坡灌丛或溪谷旁。喜凉爽，较耐寒，高温地区生长不良，喜干燥，怕水涝，土壤湿度过高则引起鳞茎腐烂死亡。对土壤要求不严，但在土层深厚、肥沃疏松的砂质壤土中，鳞茎色泽洁白、肉质较厚。黏重的土壤不宜栽培。根系粗壮发达，耐肥。

【利用部位与理化成分】百合花含挥发油，其主要成分有 3,7- 二甲基 -1,6- 辛二烯 -3- 醇、4- 甲基 -1-1- 甲基乙基 -3- 环己烯 -1- 醇、1- 甲基 -4-1- 甲基乙基 -1,4- 环己二烯、2- 氨基苯甲酸 -3,7- 二甲基 -1,6- 辛二烯 -3- 酯等。

【采收与加工】于 5—7 月之间花苞待放时选采鲜花进行加工，加工采用浸提法。

【资源开发与保护】百合鲜食、干用均可，是我国传统出口特产。可入药，具有养阴润肺；清心安神的作用。主阴虚久嗽、痰中带血、热病后期、余热未清或情志不遂所致的虚烦惊悸、失眠多梦、精神恍惚、痈肿、湿疮等。百合花姿雅致，叶片青翠娟秀，茎干亭亭玉立，是名贵的切花新秀。

Lilium pumilum DC.
山丹丹、山丹百合、细叶百合
百合科 Liliaceae 百合属植物

山丹

【形态特征】多年生草本植物，株秆高 30—40cm。叶散生于茎中部，条形，中脉下面突出，边缘有乳头状突起。花单生或数朵排成总状花序，鲜红色，通常无斑点，有时有少数斑点，下垂；花被片反卷，有光泽，具清香。花药具红色花粉；子房圆柱形，花柱稍长于子房或长 1 倍多，柱头膨大，蒴果近球形。花期 6—8 月，果期 8—9 月。

【分布与生境】仅见于秦岭太白山和南五台，海拔 400—2600m 山地阴坡疏林下、灌丛、灌草丛中及山脊，甚至在悬崖峭壁上有土层处也能生长。喜温和湿润气候，耐寒、耐旱、耐瘠薄、抗盐碱，生性强健，抗病能力较强。山丹对土壤要求不严，沙壤土即可，但尤其适宜在有机质丰富、疏松肥沃、排水良好的微酸性土壤生长。

【利用部位与理化成分】供观赏，可入药。山丹花还可食用，多用于面食着色。山丹花食用色素的提取以蒸馏水、无水乙醇、乙醚、丙酮为溶剂，通过浸泡、提取、冷却、过滤和减压浓缩等步骤即可。

【采收与加工】6—7 月间花苞待放时采鲜花进行加工。

【资源开发与保护】山丹花可入药，具有解毒消肿、活血祛瘀的功效，主治痈疽肿毒、疔疮、吐衄、跌打损伤。山丹性耐寒耐旱耐盐碱，颜色艳丽，极具观赏性，是优良的野生乡土观赏花卉。

铃兰

Convallaria keiskei Linn.
君影草、山谷百合、风铃草
百合科 Liliaceae 铃兰属植物

【形态特征】多年生草本。植株矮小，地下有多分枝而匍匐平展的根状茎。具光泽。呈鞘状互相抱着，基部有数枚鞘状的膜质鳞片。叶椭圆形或卵状披针形，花钟状，下垂，总状花序，苞片披针形，膜质，花柱比花被短。入秋结圆球形暗红色浆果，有毒，内有椭圆形种子，扁平。花期 5—6 月，果期 7—9 月。

【分布与生境】产于秦岭北坡，海拔 850—2500m 的阴坡林下潮湿处或沟边。性喜半阴、湿润环境，好凉爽，忌炎热干燥，耐严寒，要求富含腐殖质壤土及沙质壤土。

【利用部位与理化成分】铃兰花含芳香油，其主要成分有金合欢花醇和芳樟醇。

【采收与加工】5—6 月采收鲜花进行加工，加工时必须用低温浸提法，常温下浸提则香气全变，价值尽失。

【资源开发与保护】全草入药，有强心、利尿之功效，用于充血性心力衰竭、心房纤颤和由高血压病及肾炎引起的左心衰竭。铃兰植株矮小，幽雅清丽，芳香宜人，是一种优良的盆栽观赏植物，通常用于花坛花境，亦可作地被植物，其叶常被利用做插花材料。有乳白、粉红和斑叶等品种。入秋时红果娇艳，十分诱人。铃兰可净化空气，同时能抑制结核菌、肺炎双球菌、葡萄球菌的生长繁殖。

玉簪

【形态特征】多年生草本，根状茎粗厚。叶卵状心形、卵形或卵圆形，先端近渐尖，基部心形，具6—10对侧脉。花葶高40—80cm，具几朵至十几朵花；花的外苞片卵形或披针形；内苞片很小；花单生或2—3朵簇生，白色，芳香；雄蕊与花被近等长或略短，基部约15—20mm贴生于花被管上。蒴果圆柱状，有三棱。花期7—8月，果期8—9月。

【分布与生境】秦岭南北坡均分布，多生于海拔2200m以下的林下、草坡或岩石边。玉簪性强健，耐寒冷，性喜阴湿环境，不耐强烈日光照射，要求土层深厚、排水良好且肥沃的砂质壤土。

【利用部位与理化成分】玉簪花含芳香油，其主要成分有 α-蒎烯、苯甲醛、癸烷、柠檬烯、1,8-桉叶油素、苯甲酸甲酯、十一烷、苯乙醇、樟脑等。

【采收与加工】在花期采收将盛开之鲜花进行加工，常采用浸提法加工。

【资源开发与保护】玉簪花可入药，具清热解毒、利水、通经的作用。其根也可入药，具有消肿、解毒、止血的功能，主治痈疽、瘰疬、咽肿、吐血、骨鲠。玉簪全株有毒，可损伤牙齿而致牙齿脱落，使用时要小心。玉簪是较好的阴生植物，在园林中可用于树下作地被植物，或植于岩石园或建筑物北侧，也可盆栽观赏或作切花用。现代庭园，多配林下草地、岩石园或建筑物背面，正是“玉簪香好在，墙角几枝开”也可三两成丛点缀于花境中。因花夜间开放，芳香浓郁，是夜花园中不可缺少的花卉。

蕙兰

Cymbidium faberi Rolfe
线兰、土百部
兰科 Orchidaceae 兰属植物

【形态特征】陆生草本；假鳞茎不明显。叶 5—8 枚，带形，直立性强，基部常对折而呈 V 形，叶脉透亮，边缘常有粗锯齿。花葶从叶丛基部最外面的叶腋抽出，近直立或稍外弯，长 35—50cm，被多枚长鞘；总状花序具 5—11 朵或更多的花；花苞片线状披针形；花常为浅黄绿色，唇瓣有紫红色斑，有香气；萼片近披针状长圆形或狭倒卵形；花瓣与萼片相似，常略短而宽；唇瓣长圆状卵形，3 裂；侧裂片直立，具小乳突或细毛；中裂片较长，强烈外弯，有明显、发亮的乳突，边缘常皱波状；唇盘上 2 条纵褶片从基部上方延伸至中裂片基部，上端向内倾斜并汇合，多少形成短管；蕊柱长 1.2—1.6cm，两侧有狭翅。蒴果近狭椭圆形。花期 4 月，果期 8—9 月。

【分布与生境】秦岭南坡有分布，生于海拔 600—1300m 的栎林下。喜湿润但排水良好的透光处。

【利用部位与理化成分】蕙兰花含芳香油，其主要成分为亚麻酸乙酯（41.29%）和亚油酸乙酯。

【采收与加工】在花期采收将盛开之鲜花进行加工，常采用浸提法加工。

【资源开发与保护】蕙兰植株挺拔，花茎直立或下垂，花大色艳，香气淡雅，主要用作盆栽观赏。蕙兰根皮药用，有小毒。具润肺止咳、杀虫的作用，用于久咳、蛔虫病、头虱。

刺槐

【形态特征】落叶乔木，高达25m；树皮褐色，深纵裂。枝具托叶刺。羽状复叶互生，小叶7—19，椭圆形，全缘，先端微凹并有小刺尖。总状花序腋生；花萼杯状，浅裂；花冠白色，旗瓣有爪，基部有黄色斑点；子房无毛。荚果扁，长矩圆形，赤褐色。种子1—13，肾形，黑色。花期4—5月，果期8—9月。

【分布与生境】秦岭南北坡均有栽培，喜土层深厚、肥沃、疏松、湿润的壤土、沙质壤土、沙土或黏壤土，在中性土、酸性土、含盐量在0.3%以下的盐碱性土上都可以正常生长，在积水、通气不良的黏土上生长不良，甚至死亡。喜光，不耐庇荫。萌芽力和根蘖性都很强。

【利用部位与理化成分】槐花含有挥发油，其化学成分主要有醛类、烃类、酮类、烯类、酚类、酸类化合物。鲜花浸膏可作调香原料，配制各种香型香精。

【采收与加工】槐花采收一般在花初期，槐花挥发油的提取常采用水蒸气蒸馏法。

【资源开发与保护】本种根系浅而发达，易风倒，适应性强，为优良固沙保土树种。材质硬重，抗腐耐磨，宜作枕木、车辆、建筑、矿柱等多种用材；生长快，萌芽力强，是速生薪炭林树种；又是优良的蜜源植物。刺槐生长迅速，木材坚韧，纹理细致，有弹性，耐水湿，抗腐朽，是重要的速生用材树种。可供建筑、枕木、车辆、农具用材；叶含粗蛋白，可作饲料；花是优良的蜜源植物，种子榨油供做肥皂及油漆原料。在食品工业上，槐豆胶常与其他食用胶复配用作增稠剂、持水剂、黏合剂及胶凝剂等。槐花还可以入药，具有止血的作用，主治大肠下血、咯血、吐血及妇女红崩。

槐

Sophora japonica Linn.
国槐、槐树、槐蕊、豆槐、白槐、家槐
豆科 Leguminosae 槐属植物

【形态特征】乔木，高达 25m；树皮灰褐色，具纵裂纹。当年生枝绿色。羽状复叶，小叶 4—7 对，对生或近互生，纸质，卵状披针形或卵状长圆形，先端渐尖，具小尖头，基部宽楔形或近圆形，稍偏斜，下面灰白色。圆锥花序顶生，常呈金字塔形，长达 30cm；花梗比花萼短；小苞片 2 枚，形似小托叶；花萼浅钟状，萼齿 5，近等大；花冠白色或淡黄色，旗瓣近圆形，具短柄，有紫色脉纹，先端微缺，基部浅心形，翼瓣卵状长圆形，先端浑圆，基部斜戟形，无皱褶，龙骨瓣阔卵状长圆形，与翼瓣等长；雄蕊近分离，宿存；子房近无毛。荚果串珠状，种子间缢缩不明显，种子排列较紧密，具肉质果皮，成熟后不开裂，具种子 1—6 粒；种子卵球形，淡黄绿色，干后黑褐色。花期 6—7 月，果期 8—10 月。

【分布与生境】秦岭南北坡均产，生于海拔 350—1300m 的山路旁和村边。喜光而稍耐荫，能适应较冷气候。根深而发达。对土壤要求不严，在酸性至石灰性及轻度盐碱土，甚至含盐量在 0.15% 左右的条件下都能正常生长。抗风，也耐干旱、瘠薄，尤其能适应城市土壤板结等不良环境条件。

【利用部位与理化成分】槐花含芳香油，其主要成分有棕榈酸、亚油酸甲酯、2– 甲氧基 –4–(2– 丙烯基)– 苯酚、亚麻酸、8– 十七碳烯、二苯砜、6,10,14– 三甲基 –2– 十五酮、4– 乙烯基 –2– 甲氧基苯酚等。鲜花浸膏可作调香原料，配制各种花香型香精。

【采收与加工】在花半放时，剪下花朵，即可浸提芳香油；但在采收过程中，要避免挤压，以免影响出油率。其精油的提取常采用浸提法。

【资源开发与保护】槐叶、枝、角和根均可药用：槐叶具有清肝泻火、凉血解毒、燥湿杀虫的功效；槐枝具有散瘀止血、清热燥湿、祛风杀虫的作用；槐角（果实）具有凉血止血、清肝明目功效；槐根具有散瘀消肿、杀虫的作用。槐是庭院常用的特色树种，其枝叶茂密，绿荫如盖，适作庭荫树，在我国北方多用作行道树。夏秋可观花，并为优良的蜜源植物。花蕾可作染料。木材富弹性，耐水湿，可供建筑、船舶、枕木、车辆及雕刻等用。种仁含淀粉，可供酿酒或作糊料、饲料。种子榨油供工业用；槐角的外果皮可提馅糖等。

黄蔷薇

【形态特征】矮小灌木，高约 2.5m；枝粗壮；常呈弓形；小枝圆柱形，皮刺扁平，常混生细密针刺。小叶 5—13，小叶片卵形、椭圆形或倒卵形，先端圆钝或急尖，边缘有锐锯齿，上面中脉下陷，下面中脉突起；花单生于叶腋，无苞片；花直径 4—5.5cm；萼片披针形，先端渐尖，全缘，有明显的中脉；花瓣黄色，宽倒卵形，先端微凹，基部宽楔形；雄蕊多数，着生在坛状萼筒口的周围；花柱离生，被白色长柔毛，稍伸出萼筒口外面，比雄蕊短。果实扁球形，紫红色至黑褐色，无毛，有光泽，萼片宿存反折。花期 5—6 月，果期 7—8 月。

【分布与生境】产于秦岭北坡，常生于海拔 1000—2000m 的向阳干燥山坡灌丛中。蔷薇性强健，不择土壤，耐寒、耐旱。

【利用部位与理化成分】黄蔷薇花含精油，其主要成分是 1,8- 桉油醇、苎烯、月桂烯、芳樟醇、丁香酚和香叶醇等。

【采收与加工】黄蔷薇花精油的提取分离采用的是 GC-MS 联用技术。

【资源开发与保护】黄蔷薇是优良的新型园林观赏树种，具有较高的观赏价值和经济价值，可从中提取芳香油和香精。

玫瑰

Rosa rugosa Thunb.

蔷薇科 Rosaceae 蔷薇属植物

【形态特征】直立灌木，高可达 2m；茎粗壮，丛生；小枝密被绒毛，并有针刺和腺毛，有直立或弯曲、淡黄色的皮刺，皮刺外被绒毛。小叶 5—9，椭圆形或椭圆状倒卵形，先端急尖或圆钝，基部圆形或宽楔形，边缘有尖锐锯齿，上面深绿色，叶脉下陷，有褶皱，下面灰绿色，中脉突起。叶柄和叶轴密被绒毛和腺毛，托叶大部贴生于叶柄，离生部分卵形，边缘有带腺锯齿，下面被绒毛。花单生于叶腋，或数朵簇生，苞片卵形，边缘有腺毛，外被绒毛；花萼片卵状披针形，先端尾状渐尖，常有羽状裂片而扩展成叶状；花瓣倒卵形，重瓣至半重瓣，芳香，紫红色至白色；花柱离生，稍伸出萼筒口外，比雄蕊短很多。果扁球形，砖红色，肉质，平滑，萼片宿存。花期 5—6 月，果期 8—9 月。

【分布与生境】广泛培育在秦岭各地区，喜阳光充足，耐寒、耐旱，喜排水良好、疏松肥沃的壤土或轻壤土。

【利用部位与理化成分】玫瑰鲜花含精油 0.03%，其主要化学成分有芳樟醇、香茅醇、香叶醇、香树烯、金合欢醇、乙酸香茅酯和 2- 十三酮等。

【采收与加工】提制芳香油的玫瑰花，宜在晴天的早晨（5—9 时止）采摘，采后应随时加工，如时间不许可需要久放，应置于阴处晾干，避免日晒和发霉，否则会使油分过多挥发或变质。采收的花朵，以花蕊部分露出而花瓣仍为紫红色时为最佳，如花瓣颜色转淡，显示开放时间已长，不符蒸油要求。玫瑰油的提取，通常有两种方法：最普通的是用水中蒸馏法；另一种是浸提法，常以石油醚为浸提溶剂。

【资源开发与保护】玫瑰花朵艳丽，有很高的观赏价值，可作庭院观赏花卉。玫瑰初开的花朵及根可入药，有理气、活血、收敛等作用，主治月经不调、跌打损伤、肝气胃痛、乳臃肿痛等症。玫瑰果的果肉，可制成果酱，具有特殊风味，果实含有丰富的维生素 C 及维生素 P。

木香花

Rosa banksiae Ait.

七里香、木香藤、锦棚儿、重瓣白木香

蔷薇科 Rosaceae 蔷薇属植物

【形态特征】攀缘小灌木，高可达6m。小枝圆柱形，无毛，有皮刺，短小。小叶3—5，稀7，小叶片椭圆状卵形或长圆披针形，上面无毛，深绿色，下面淡绿色，中脉突起，沿脉有柔毛。小叶柄和叶轴有稀疏柔毛和散生小皮刺，托叶线状披针形，膜质，离生，早落。花小形，多朵成伞形花序，无毛。萼片卵形，先端长渐尖，全缘，萼筒和萼片外面均无毛，内面被白色柔毛。花瓣重瓣至半重瓣，白色，倒卵形，先端圆，基部楔形；心皮多数，花柱离生，密被柔毛，比雄蕊短很多。花期4—5月，果期10月。

【分布与生境】秦岭南北坡均有栽培，生溪边、路旁或山坡灌丛中。喜阳光，亦耐半阴，较耐寒，适生于排水良好的肥沃润湿地。

【利用部位与理化成分】木香花含挥发油，其主要成分有辛烷、冰片烯、苯乙醇、十二烷、冰片、榄香素、蘑菇醇、苯甲醇、紫苏醛和萜烯醇等。

【采收与加工】于花期采摘未十分开放的花朵，随采随加工。用水蒸气蒸馏法提取芳香油。但如能用浸提法萃取制成浸膏，则产品质量更好。

【资源开发与保护】花含芳香油，可供配制香精化妆品用。著名观赏植物，常栽培供攀缘棚架之用。

月季花

Rosa chinensis Jacq.

月季、月月红、月月花、长春花、四季花、胜春

蔷薇科 Rosaceae 蔷薇属植物

【形态特征】直立灌木，高 1—2m；小枝粗壮，圆柱形，几乎无毛，有短粗的钩状皮刺或无。小叶 3—5，稀 7，小叶片宽卵形至卵状长圆形，边缘有锐锯齿，上面暗绿色，常带光泽，下面颜色较浅，顶生小叶片有柄，侧生小叶片近无柄，总叶柄较长，有散生皮刺和腺毛；托叶大部贴生于叶柄，仅顶端分离部分成耳状，边缘常有腺毛。花几朵集生，萼片卵形，先端尾状渐尖，有时呈叶状，边缘常有羽状裂片；花瓣重瓣至半重瓣，红色、粉红色至白色，倒卵形，先端有凹缺，基部楔形。花柱离生，伸出萼筒口外，约与雄蕊等长。果卵球形或梨形，红色，萼片脱落。花期 4—9 月，果期 6—11 月。

【分布与生境】秦岭南北坡均有栽培。月季花对气候、土壤要求虽不严格，但以疏松、肥沃、富含有机质、微酸性、排水良好的壤土较为适宜。性喜温暖、日照充足、空气流通的环境。

【利用部位与理化成分】月季花含挥发油，其主要化学成分为正二十一烷、正十九烷、正十三烷、3- 二十烯、正三十四烷等。此外月季花还含有酚酸和黄酮类化合物，如原儿茶酸、香草酸、莽草酸、金丝桃苷等。

【采收与加工】月季花挥发油的提取常采用水蒸气蒸馏法。

【资源开发与保护】月季的适应性强，耐寒、耐旱，不论地栽、盆栽均可，适用于美化庭院、装点园林、布置花坛、配植花篱和花架；月季栽培容易，可作切花，用于做花束和各种花篮；月季花朵可提取香精。此外，月季花还可入药，具有活血调经、解毒消肿的作用，主治月经不调、痛经、闭经、跌打损伤、瘀血肿痛、瘰疬、痈肿、烫伤。

金丝桃

Hypericium monogynum L.
云南连翘、芒种花、金线蝴蝶、金丝海棠、金丝莲
金丝桃科 Hypericaceae 金丝桃属植物

【形态特征】灌木，高 0.5—1.3m，丛状或通常有疏生的开张枝条。茎红色，幼时具 2 纵线棱及两侧压扁，很快为圆柱形。叶对生，叶片倒披针形或椭圆形至长圆形，边缘平坦，坚纸质，上面绿色，下面淡绿但不呈灰白色，主侧脉 4—6 对，分枝，叶片腺体小而点状。花序具 1—15 花，花星状，花蕾卵珠形，先端近锐尖至钝形。萼片宽或狭椭圆形或长圆形至披针形或倒披针形，先端锐尖至圆形，边缘全缘。花瓣金黄色至柠檬黄色，无红晕，开张，三角状倒卵形，边缘全缘，无腺体。雄蕊 5 束，每束有雄蕊 25—35 枚，花药黄至暗橙色。子房卵珠形或卵珠状圆锥形至近球形，花柱长约为子房的 3.5—5 倍，合生几达顶端然后向外弯，柱头小。蒴果宽卵珠形或稀为卵珠状圆锥形至近球形。种子深红褐色，圆柱形，有狭的龙骨状突起，有浅的线状网纹至线状蜂窝纹。花期 5—8 月，果期 8—9 月。

【分布与生境】产于秦岭南坡，生于海拔 900—1500m 的山坡草地或路旁。金丝桃为温带树种，喜湿润半荫之地。

【利用部位与理化成分】金丝桃枝叶含精油，其主要化学成分有桧烯、β-月桂烯、β-罗勒烯、β-榄香烯等。

【采收与加工】金丝桃精油的提取采用的是水蒸气蒸馏法。

【资源开发与保护】金丝桃花叶秀丽，是南方庭院的常用观赏花木。该植物的果实为常用的鲜切花材—“红豆”，常用于制作胸花、腕花。金丝桃根、茎、叶、花、果均可入药，抗抑郁、镇静、抗菌消炎、创伤收敛，尤其抗病毒作用突出，能抗 DNA、RNA 病毒，可用于艾滋病的治疗。以金丝桃提取的金丝桃素已经贵若黄金，应用于美容医疗。

月见草

Oenothera biennis L.
香月见草、山芝麻、夜来香
柳叶菜科 Onagraceae 月见草属植物

【形态特征】直立二年生粗状草本，基生莲座叶丛紧贴地面；茎高 50—200cm。基生叶倒披针形，先端锐尖，基部楔形，边缘疏生不整齐的浅钝齿，侧脉每侧 12—15 条。茎生叶椭圆形至倒披针形，先端锐尖至短渐尖，基部楔形，侧脉每侧 6—12 条。花序穗状，不分枝，或在主序下面具次级侧生花序；苞片叶状，果时宿存，花蕾锥状长圆形；花管黄绿色或开花时带红色；花后脱落；萼片绿色，有时带红色，长圆状披针形，在芽时直立，彼此靠合，开放时自基部反折；花瓣黄色，稀淡黄色，宽倒卵形，先端微凹缺；花丝近等长，花粉约 50% 发育；子房绿色，圆柱状，具 4 棱；花柱伸出花管外；柱头围以花药。开花时花粉直接授在柱头裂片上。蒴果锥状圆柱形，向上变狭，直立。种子在果中呈水平状排列，暗褐色，棱形。花期 4—10 月，果期 6—11 月。

【分布与生境】秦岭南北坡均有栽培，喜生于阳光充足处，有一定耐寒性。

【利用部位与理化成分】月见草花含精油，其主要化学成分有芳樟醇、壬酸、6- 十一酮、反式 - 金合欢烯、吲哚等。可制成浸膏，用于调和香精。

【采收与加工】其提取方法为浸提法、水蒸气蒸馏法或超临界 CO_2 萃取法。

【资源开发与保护】种子含油达 25%，榨油可食，是比较有开发前景物种。茎皮纤维可制绳，根为解热药，治感冒、喉炎，并可酿酒。花香美丽，常栽培观赏用。

Cotinus coggygria Scop.
毛黄栌、黄栌材、栌木
漆树科 Anacardiaceae 黄栌属植物

黄栌

【形态特征】灌木，高3—5m。木材黄色。单叶互生，叶倒卵形或卵圆形，先端圆形或微凹，基部圆形或阔楔形，全缘，两面或尤其叶背显著被灰色柔毛，侧脉6—11对，先端常叉开；叶柄短。圆锥花序被柔毛；花杂性，黄色，排成顶疏散圆锥形花序；花萼5，花瓣5，卵形或卵状披针形；雄蕊5，花药卵形，与花丝等长，花盘5裂，紫褐色；子房近球形，花柱3，分离，不等长，宿存。果穗上有多数不育花的花梗延长成羽毛状；核果肾形。花期4—5月，果期7月。

【分布与生境】秦岭南北坡均有分布，生于海拔500—1500m的山坡、沟旁灌木丛中。适生于土质肥沃的向阳山坡。

【利用部位与理化成分】叶含芳香油，可用于调香原料。

【采收与加工】5—6月间采叶。最好摘下后立即加工。叶用水蒸气蒸馏法提取芳香油。

【资源开发与保护】黄栌木材黄色，古代作黄色染料。树皮和叶可提制栲胶。嫩芽可焯食。叶秋季变红，美观。

白鲜

Dictamnus dasycarpus Turcz.

白鲜皮、八股牛、山牡丹、白膻、白羊鲜、白藓皮、羊蹄草、地羊鲜

芸香科 Rutaceae 白鲜属植物

【形态特征】多年生草本，宿根，高可达 1m。全株有强烈香气，基部木质。根斜出，肉质，淡黄白色，幼嫩部分密被白色的长毛并着生水泡状凸起的腺点。单数羽状复叶，小叶 9—13，纸质，卵形至卵状披针形，顶端渐尖或锐尖，基部宽楔形，边缘有锯齿，沿脉被毛。顶生总状花序，花柄基部有条形苞片 1，花大型，白色或淡紫色，萼片 5，宿存，花瓣 5，下面一片下倾，稍大。雄蕊 10，伸出于花瓣外。蒴果 5 室，裂瓣顶端呈锐尖的喙，密被棕黑色腺点及白色柔毛。花期 5—7 月，果期 7—8 月。

【分布与生境】秦岭南北坡均产，常生于 1800m 以下的山坡草地或是山谷疏林下。喜温暖湿润气候，耐寒、怕旱、怕涝、怕强光照。

【利用部位与理化成分】白鲜叶含挥发油 0.5%，其主要化学成分为：白菖油烯、麝香草酚甲醚、芳脑醇、香芹醇、榄香醇、月桂酸、γ－桉醇、楟酮、棕榈酸等。此外，白鲜中还含有白鲜碱、菌芋碱、葫芦巴碱等生物碱类物质，黄柏酮、柠檬苦素、异白蜡树酮等柠檬苦素类物质以及白鲜粗多糖等物质。其根含白鲜碱、白鲜内酯、谷甾醇等。

【采收与加工】夏末秋初采摘叶后，即行蒸馏，通常采用水蒸气蒸馏法。

【资源开发与保护】根皮制干后称为白鲜皮，味苦，性寒，有祛风除湿、清热解毒、杀虫、止痒之效，治风湿性关节炎、外伤出血、荨麻疹等。白鲜在春末夏初，从叶丛中抽出粉红或白色花序，恬静典雅，可配植花境和作切花。

竹叶花椒

【形态特征】高3—5m的落叶小乔木；茎枝多锐刺，刺基部宽而扁，红褐色，小枝上的刺劲直，水平抽出，小叶背面中脉上常有小刺。叶有小叶3—9，翼叶明显；小叶对生，通常披针形，两端尖，有时基部宽楔形，干后叶缘略向背卷，叶面稍粗皱；或为椭圆形，顶端中央一片最大，基部一对最小；有时为卵形，叶缘有甚小且疏离的裂齿，或近于全缘，仅在齿缝处或沿小叶边缘有油点；小叶柄甚短或无柄。花序近腋生或同时生于侧枝之顶，有花约30朵以内；花被片6—8片，形状与大小几乎相同；雄花的雄蕊5—6枚，药隔顶端有1干后变褐黑色油点；不育雌蕊垫状凸起，顶端2—3浅裂；雌花有心皮3—2个，背部近顶侧各有1油点，花柱斜向背弯，不育雄蕊短线状。果紫红色；种子褐黑色。花期4—5月，果期8—10月。

【分布与生境】秦岭南北坡均有分布，生于海拔300—2000m的山坡疏林或灌木丛中。

【利用部位与理化成分】叶芳香油含量为0.02%—0.08%，果实含量为0.24%—0.79%。果实和种子均可提取芳香油。

【采收与加工】果实成熟时采收，采用水蒸气蒸馏法。

【资源开发与保护】果除用作食物调料及药用外，也是一种芳香性防腐剂。根、茎、叶、果及种子均用作草药，祛风散寒，行气止痛，治风湿性关节炎、牙痛、跌打肿痛。又用作驱虫及醉鱼剂。

花椒

Zanthoxylum bungeanum Maxim.
椒、大椒、秦椒、蜀椒
芸香科 Rutaceae 花椒属植物

【形态特征】落叶小乔木，株高3—7m；茎干上的刺常早落，枝有短刺，小枝上的刺基部宽而扁且劲直的长三角形，叶互生，奇数羽叶复叶，小叶5—13片，叶轴常有甚狭窄的叶翼；小叶对生，无柄，卵形，椭圆形，稀披针形，位于叶轴顶部的较大，近基部的有时圆形，长2—7cm，宽1—3.5cm，叶缘有细裂齿，齿缝有油点。其余无或散生肉眼可见的油点。花序顶生或生于侧枝之顶，花序轴及花梗密被短柔毛或无毛；花被片6—8片，黄绿色，形状及大小大致相同；雄花的雄蕊5枚或多至8枚；退化雌蕊顶端叉状浅裂；雌花很少有发育雄蕊，有心皮3或2个，间有4个，花柱斜向背弯。果紫红色，单个分果瓣径4—5mm，散生微凸起的油点，顶端有甚短的芒尖或无。花期4—5月，果期8—10月。

【分布与生境】秦岭南北坡均有野生或栽培。喜生于阳光充足、温暖、肥沃的地方。

【利用部位与理化成分】枝叶含芳香油含量为0.02%—0.08%，果实含油量为0.2%—0.4%。果实和种子均可提取芳香油。属于干性油，气香而味辛辣，可作食用调料或工业用油。

【采收与加工】果实成熟时采收，采用水蒸气蒸馏法。

【资源开发与保护】果除用作食物调料及药用外，也是一种芳香性防腐剂。花椒用作中药，有温中行气、逐寒、止痛、杀虫等功效，治胃腹冷痛、呕吐、泄泻、血吸虫、蛔虫等症。又作表皮麻醉剂。种子油可用作生物柴油。

芸香

【形态特征】茎基部木质的多年生草本，植株高达 1m，各部有浓烈特殊气味。叶二至三回羽状复叶，末回小羽裂片短匙形或狭长圆形，灰绿或带蓝绿色。花金黄色，花径约 2cm；萼片 4 片；花瓣 4 片；雄蕊 8 枚，花初开放时与花瓣对生的 4 枚贴附于花瓣上，与萼片对生的另 4 枚斜展且外露，较长，花盛开时全部并列一起，挺直且等长，花柱短，子房通常 4 室，每室有胚珠多颗。果室由顶端开裂至中部，果皮有凸起的油点；种子甚多，肾形，褐黑色。花期 3—6 月，果期 7—9 月。

【分布与生境】秦岭南北坡均有栽培。

【利用部位与理化成分】枝叶含芳香油含量为 0.8%—1.2%，主要成分甲基壬酮、甲基庚酮及萜烯。其芳香油可作调香原料，同时，又可作单离甲基壬酮。

【采收与加工】花期采取新鲜枝叶进行加工。采用水蒸气蒸馏法。

【资源开发与保护】芸香茎枝及叶均用作草药，味微苦、辛，性平、凉，清热解毒，凉血散瘀。种子为镇静剂及驱虫剂（蛔虫）。据实验，茎叶的水提液和酒精浸取液对溶血性链球菌、尤以黄金色葡萄球菌有显著抑制作用。枝叶外用擦皮肤引起皮肤红肿。也是一种兴奋刺激剂，主要刺激子宫及神经系统，故孕妇不宜服食。

枳

Poncirus trifoliata (L.) Raf.
枸橘、臭橘、臭杞、雀不站、铁篱寨
芸香科 Rutaceae 枳属植物

【形态特征】小乔木，高1—5m，树冠伞形或圆头形。枝绿色，嫩枝扁，有纵棱，刺长达4cm。叶柄有狭长的翼叶，通常指状3出叶，小叶等长或中间的一片较大，对称或两侧不对称，叶缘有细钝裂齿或全缘。花单朵或成对腋生，先叶开放，也有先叶后花的，有完全花及不完全花，后者雄蕊发育，雌蕊萎缩，花有大、小二型；花瓣白色，匙形；雄蕊通常20枚，花丝不等长。果近圆球形或梨形，大小差异较大，果顶微凹，有环圈，果皮暗黄色，粗糙，也有无环圈，果皮平滑的，油胞小而密，果心充实，瓢囊6—8瓣，汁胞有短柄，果肉含黏腋，微有香橼气味，甚酸且苦，带涩味，有种子20—50粒；种子阔卵形，乳白或乳黄色，有黏液，平滑或间有不明显的细脉纹。花期5—6月，果期10—11月。

【分布与生境】秦岭南北坡均有分布，生于海拔300—1500m的山坡或栽培于村旁、庭园。

【利用部位与理化成分】叶、花、果实含芳香油，主要成分为柠檬油精、芳樟醇、乙酸芳樟酯等。芳香油可用于食品、化妆品及皂用香精等。

【采收与加工】夏秋两季采收。叶用水蒸气蒸馏法，鲜花用浸提法，果皮用冷榨法。

【资源开发与保护】枳性温，味苦、辛，无毒。舒肝止痛，破气散结，消食化滞，除痰镇咳。种子含棕榈酸、硬脂酸、油酸、亚油酸、亚麻油酸，以亚油酸和棕榈酸的含量较高。

栀子

Gardenia jasminoides Ellis
山栀、黄栀
茜草科 Rubiaceae 栀子属植物

【形态特征】灌木，高 0.3—3m；枝圆柱形，灰色。叶对生，革质，少为 3 枚轮生，叶形多样，通常为长圆状披针形、倒卵状长圆形、倒卵形或椭圆形，顶端渐尖、骤然长渐尖或短尖而钝，基部楔形或短尖；侧脉 8—15 对，在下面凸起，在上面平。花芳香，通常单朵生于枝顶，萼管倒圆锥形或卵形，有纵棱，萼檐管形，膨大，通常 6 裂，裂片披针形或线状披针形，结果时增长，宿存；花冠白色或乳黄色，高脚碟状，喉部有疏柔毛，冠管狭圆筒形，顶部通常 6 裂，裂片广展，倒卵形或倒卵状长圆形；花丝极短，花药线形，伸出；花柱粗厚，柱头纺锤形，伸出，子房黄色，平滑。果卵形、近球形、椭圆形或长圆形，黄色或橙红色，有翅状纵棱 5—9 条；种子多数，扁，近圆形而稍有棱角。花期 7 月，果期 9 月。

【分布与生境】秦岭南北坡均有栽培，生于海拔 450—600m 的庭园及山沟旁。在土壤肥沃湿处生长良好。为酸性土壤的指示植物。

【利用部位与理化成分】花可提取芳香浸膏，用于多种花香型化妆品和香皂香精的调合剂。

【采收与加工】春夏季花时，选择晴天采摘其初放的花朵，随即进行浸提。鲜花以石油醚为溶剂进行浸提。也可先用吹气吸附法提出精油，残花再用萃取法提制浸膏。

【资源开发与保护】栀子花大而美丽、芳香，广植于庭园供观赏。干燥成熟果实是常用中药，从成熟果实亦可提取栀子黄色素，在民间作染料应用，在化妆品等工业中用作天然着色剂原料，又是一种品质优良的天然食品色素，没有人工合成色素的副作用，且具有一定的医疗效果。

紫丁香

Syringa oblata Lindl.
丁香、华北紫丁香、紫丁白
木樨科 Oleaceae 丁香属植物

【形态特征】灌木或小乔木。小枝、花序轴、花梗、苞片、花萼、幼叶两面及叶柄都密被腺毛。叶革质或厚纸质，卵圆形或肾形，先端短凸尖或长渐尖，基部心形、平截或宽楔形。圆锥花序直立，由侧芽抽生。花冠紫色，花冠筒圆柱形，裂片直角开展；花药黄色，位于花冠筒喉部。果卵圆形或长椭圆形，顶端长渐尖，几无皮孔。花期 5—6 月，果期 8 月。

【分布与生境】产于秦岭北坡，生于海拔 1200—1600m 间的山坡林下。喜温暖、湿润及阳光充足，很多种类也具有一定耐寒力。

【利用部位与理化成分】紫丁香花、果和叶中含挥发油，其主要成分有香桧烯、水芹烯、樟烯、β-蒎烯、1, 2, 3, 4- 四氯化萘、水杨酸甲酯等。此外紫丁香枝中还含有橄榄苦苷、对羟基苯乙醇乙酸酯、4- 羟基 -3, 5- 二甲氧基苯甲醛、对羟基苯乙醇、3, 5- 二甲氧基 -4- 羟基肉桂醛、芹菜素、丁香素、胡萝卜苷等化合物。花可提制芳香油。

【采收与加工】其精油的提取方法为水蒸气蒸馏法。

【资源开发与保护】紫丁香的叶可以入药，味苦、性寒，有清热燥湿的作用，民间多用于止泻。丁香花芬芳袭人，为著名的观赏花木之一。紫丁香吸收 SO_2 的能力较强，对 SO_2 污染具有一定净化作用；嫩叶可代茶。

白丁香

【形态特征】多年生落叶灌木、小乔木，高4—5m。叶片纸质，单叶互生。叶卵圆形或肾脏形，叶面有疏生绒毛，先端锐尖。圆锥花序直立，由侧芽抽生，近球形或长圆形。花冠白色，有单瓣、重瓣之别，花端四裂，筒状。花期4—5月，果期6—10月。

【分布与生境】秦岭南北坡有栽培。喜光，稍耐阴，耐寒，耐旱，喜排水良好的深厚肥沃土壤。

【利用部位与理化成分】白丁香鲜花含挥发油，其主要成分为丁香醛、丁香醇、α-蒎烯、桧烯、β-蒎烯、月桂烯、柠檬烯、桉树脑、顺式-罗勒烯、苯甲醛、异松油烯、芳樟醇、苯乙醛、α-松油醇、对甲氧基茴香醚、茴香醛等化合物。

【采收与加工】其挥发油提取采用的是水蒸气蒸馏法。白丁香花香浓郁，可广泛用于紫丁香型、茉莉香型、金合欢香型等各种香精中。

【资源开发与保护】白丁香是名贵的中药材：皮可清肺化痰、止咳平喘、利尿；叶具有抗菌消炎止痢的作用。白丁香木质具有气味，是制作防腐器具的良好树种；根部香，民间用做熏香。种子含淀粉 13.25%，供提取淀粉和榨油。白丁香花美丽、花期长，可供观赏，还是良好的蜜源植物。

北京丁香

Syringa pekinensis Rupr.
臭多萝、山丁香
木樨科 Oleaceae 丁香属植物

【形态特征】大灌木或小乔木，高 2—5m。树皮纵裂，褐色或灰棕色。小枝细长，带红褐色。叶片纸质，卵形、宽卵形至近圆形，或为椭圆状卵形至卵状披针形，先端长，渐尖、骤尖、短渐尖至锐尖，基部圆形、截形至近心形，上面深绿色，干时略呈褐色，侧脉平，下面灰绿色。花冠白色，呈辐状花冠管与花萼近等长或略长，裂片卵形或长椭圆形，先端锐尖或钝，或略呈兜状；花丝略短于或稍长于裂片，花药黄色，长圆形。果长椭圆形至披针形，先端锐尖至长渐尖，光滑，稀疏生皮孔。花期 6 月，果期 8 月。

【分布与生境】仅见于秦岭北坡，生于海拔 1100—1700m 的山坡阳处或河沟。性喜阳，但也稍耐阴，耐寒、耐旱；要求土壤湿润。

【利用部位与理化成分】北京丁香叶含挥发油，其主要化学成分有苯甲醛、β－蒎烯、苯甲醇、苯乙醇、3－烯丙基－2－甲氧基酚等。

【采收与加工】其挥发油提取方法为水蒸气蒸馏法。

【资源开发与保护】北京丁香是一种晚花丁香种，枝叶茂盛，广泛栽培的观花乔木之一，也可用作景观树和行道树。可作为优良品种丁香嫁接繁殖的首选砧木。

茉莉花

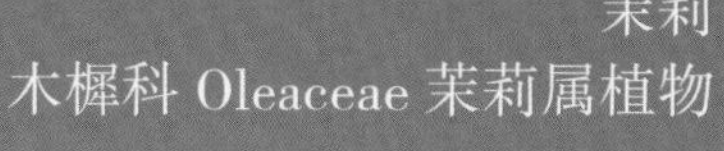

Jasminum sambac (L.) Ait.
茉莉
木樨科 Oleaceae 茉莉属植物

【形态特征】木质藤本或直立灌木，高 0.5—3m；幼枝有或无柔毛。单叶对生，膜质或薄纸质，宽卵形、椭圆形或近倒卵形。叶顶端骤凸或钝，基部圆钝或微心形，下面脉腋内有簇毛；叶柄具柔毛。聚伞花序，3 朵花或多朵花；花梗具柔毛。花白色，芳香；花萼有或无柔毛，裂片 8—9，条形，比萼筒长；花冠筒长 5—12mm，裂片矩圆形至近圆形，顶部钝，约和花冠筒等长，有重瓣花类型。花期 5—6 月，果期 7—9 月。

【分布与生境】栽培于秦岭北坡，性喜温暖湿润，在通风良好、半阴的环境生长最好，土壤以含有大量腐殖质的微酸性砂质土壤为最适合，畏寒、畏旱，不耐霜冻、湿涝和碱土。

【利用部位与理化成分】茉莉花含挥发油，其主要化学成分有乙酸苯甲酯、芳樟醇、苯甲醇、吲哚、邻氨基苯甲酸甲酯、茉莉酮、茉莉内酯、乙酸顺 -3- 乙烯酯、已烯醇等化合物。茉莉花清香四溢，能够提取茉莉油，是制造香精的原料。

【采收与加工】在晴天的早晨或下午采摘含苞欲放之花蕾，立即进行加工。采用浸提法，溶剂一般采用石油醚或苯。最好结合吹气吸附法以提高净油得量。

【资源开发与保护】茉莉花为常绿小灌木类的茉莉花叶色翠绿，花色洁白，香味浓厚，为常见庭园及盆栽观赏芳香花卉。茉莉花还可熏制茶叶，或蒸取汁液，可代替蔷薇露。茉莉花根、叶和花均可入药，其中茉莉根：苦，温，有毒，具麻醉、止痛的作用；茉莉叶：辛，凉，具清热解表的功效；茉莉花：辛、甘，温，具理气、开郁、辟秽、和中的作用。

女贞

Ligustrum lucidum Ait.

蜡树、冬青、白蜡树、冬青、女桢、桢木、将军树

木樨科 Oleaceae 女贞属植物

【形态特征】常绿乔木，高 6—15m，树皮灰褐色。叶片常绿，革质，卵形、长卵形或椭圆形至宽椭圆形，先端锐尖至渐尖或钝，基部圆形或近圆形，有时宽楔形或渐狭，叶缘平坦，上面光亮，中脉在上面凹入，下面凸起，侧脉 4—9 对，两面稍凸起或有时不明显。圆锥花序顶生；花小，白色，花萼、花冠各 4 裂，雄蕊 2；顶生圆花冠裂片与筒部等长。核果椭球形，蓝黑色。花期 5—7 月，果期 7 月至翌年 5 月。

【分布与生境】秦岭南北坡均产，北坡多为栽培，南坡多为野生。长生于海拔 300—1300m 间的山坡林中、村边或路旁。女贞耐寒性好，耐水湿，喜温暖湿润气候，喜光耐荫，以砂质壤土或黏质壤土栽培为宜。

【利用部位与理化成分】女贞子和花含挥发油，其主要化学成分有桉油精、苯甲醇、乙酸龙脑酯、丙硫酮、α-丁基苯甲醇、芳樟醇、紫丁香醛、橙花醇等。此外，女贞子还含有萜类、黄酮类、苯乙醇苷类、脂肪酸等化合物。

【采收与加工】在花期采取，将盛开之花趁新鲜时进行加工，并采用水蒸气蒸馏法提取精油。

【资源开发与保护】女贞子，是一味补肾滋阴、养肝明目的中药，可治肝肾不足、头晕耳鸣、头发早白及两目昏糊等病症。女贞四季婆娑，枝干扶疏，枝叶茂密，树形整齐，是园林中常用的观赏树种，可于庭院孤植或丛植，亦作为行道树。还可作为砧木，嫁接繁殖桂花、丁香、金叶女贞。

木犀

【形态特征】常绿乔木或灌木，高 3—5m；树皮灰褐色。叶片革质，椭圆形、长椭圆形或椭圆状披针形，先端渐尖，基部渐狭呈楔形或宽楔形，全缘或通常上半部具细锯齿，腺点在两面连成小水泡状突起，中脉在上面凹入，下面凸起，侧脉 6—8 对，在上面凹入，下面凸起。聚伞花序簇生于叶腋，或近于帚状，每腋内有花多朵，花极芳香；花萼裂片稍不整齐；花冠黄白色、淡黄色、黄色或橘红色；雄蕊着生于花冠管中部，花丝极短，药隔在花药先端稍延伸呈不明显的小尖头。果歪斜，椭圆形，呈紫黑色。花期 9—10 月上旬，果期翌年 3 月。

【分布与生境】秦岭南北坡均有栽培，多栽培生于海拔 200—1300m 的住宅旁或寺庙内。适应温暖和亚热带气候，宜肥沃湿润的砂质土壤。

【利用部位与理化成分】木犀极香，为我国特产之一。花提芳香油，制桂花浸膏，可配制高级香料。用于各种化妆品、香皂及食品中。桂花浸膏为淡黄色至棕色半固体，具有天然桂花持久之香味，得油率约 0.3%。

【采收与加工】花盛开时及时采收，立即浸提。如不能及时加工，可平铺阴干，但不宜超过 24 小时，否则易发热发酵，香气完全损失，如果配以盐卤浸渍，则可储藏稍久。可用一般浸提法提取桂花浸膏，溶剂以石油醚为佳，如用低温浸提法，质量可大大提高，但香气仍不及鲜花。

【资源开发与保护】木犀花因其极佳的香味，受群众所喜爱，可结合绿化、香化，扩大栽培。

大叶醉鱼草

Buddleja davidii Franch.
绛花醉鱼草、白背叶醉鱼草
马钱科 Loganiaceae 醉鱼草属植物

【形态特征】灌木，高 1—5m。小枝外展而下弯，略呈四棱形；幼枝、叶片下面、叶柄和花序均密被灰白色星状短绒毛。叶对生，叶片膜质至薄纸质，狭卵形、狭椭圆形至卵状披针形，顶端渐尖，基部宽楔形至钝，有时下延至叶柄基部，边缘具细锯齿。总状或圆锥状聚伞花序，顶生；花萼钟状，外面被星状短绒毛；花冠淡紫色，后变黄白色至白色，喉部橙黄色，芳香，外面被疏星状毛及鳞片，后变光滑无毛，花冠管细长，内面被星状短柔毛，花冠裂片近圆形，边缘全缘或具不整齐的齿；雄蕊着生于花冠管内壁中部，花丝短，花药长圆形，基部心形；子房卵形，花柱圆柱形，柱头棍棒状。蒴果狭椭圆形或狭卵形，2 瓣裂，淡褐色，基部有宿存花萼；种子长椭圆形，两端具尖翅。花期 7 月，果期 9—10 月。

【分布与生境】秦岭南北坡普遍分布，生于海拔 300—2100m 的山坡林中、沟边及水旁。根系深，耐旱，适应性较强。

【利用部位与理化成分】花芳香，可提取芳香油。

【采收与加工】夏季花期采集花朵，立即加工。可用浸提法提取芳香油。

【资源开发与保护】全株供药用，有祛风散寒、止咳、消积止痛之效。枝条柔软多姿，花美丽而芳香，是优良的庭园观赏植物。

Dracocephalum moldavica L.
青兰、野青兰、臭蒿
唇形科 Labiatae 青兰属植物

香青兰

【形态特征】一年生草本，高 22—40cm；茎数个，直立或渐升，常在中部以下具分枝，不明显四棱形，常带紫色。基生叶卵圆状三角形，先端圆钝，基部心形，具疏圆齿，具长柄，很快枯萎；下部茎生叶与基生叶近似。叶片披针形至线状披针形，先端钝，基部圆形或宽楔形，两面只在脉上疏被小毛及黄色小腺点，边缘通常具不规则至规则的三角形牙齿或疏锯齿。轮伞花序生于茎或分枝上部 5—12 节处，疏松，通常具 4 花；花萼被金黄色腺点及短毛，下部较密，脉常带紫色，2 裂近中部，上唇 3 浅裂至本身 1/4—1/3 处，3 齿近等大，三角状卵形，先端锐尖，下唇 2 裂近本身基部，裂片披针形。花冠淡蓝紫色，喉部以上宽展，外面被白色短柔毛，冠檐二唇形，上唇短舟形，长约为冠筒的 1/4，先端微凹，下唇 3 裂，中裂片扁，2 裂，具深紫色斑点，有短柄，柄上有 2 突起，侧裂片平截。雄蕊微伸出，先端尖细，药平叉开。花柱无毛，先端 2 等裂。小坚果长圆形。花期 6—7 月，果期 7—9 月。

【分布与生境】秦岭北坡有分布，生于海拔 400—1800m 的山坡、干燥山谷、河滩多石处。

【利用部位与理化成分】全草含芳香油 0.01%—0.17%，主要成分为柠檬醛 25%—68%、香叶醇 80%、橙花醇 7%。全草可提芳香油，供制果子露香料用，此外，又可药用。

【采收与加工】8—9 月间割取全草，用水蒸气蒸馏法提取芳香油。

【资源开发与保护】香青兰适应干旱能力强，蓝色的花芳香而美丽，亦可用于干旱地区绿化用。

百里香

Thymus mongolicus Ronn.
地姜、千里香、地椒、地花椒、山椒
唇形科 Labiatae 百里香属植物

【形态特征】亚灌木，茎匍匐状，高约2—5cm，疏生倒向卷曲微柔毛，基部木质化，分枝多。叶小，椭圆形至长圆状披针形或线形，先端钝，基部渐狭，全缘，叶脉不显，两面均有凹陷腺点；茎上部的叶片间基部具白色睫毛；叶柄极短。顶生花，密集成头状花序，花紫色，唇形，较小；萼片边缘及萼喉均具白色睫毛；雄蕊4，伸出于花冠管外；花柱1，柱头2裂。果为小坚果。花期6—8月，果期9—10月。

【分布与生境】秦岭南北坡均有分布，常生于海拔1000—2500m左右的山地、河流两岸草丛、河岸或沙滩。喜温暖，喜光和干燥的环境，对土壤的要求不高，但在排水良好的石灰质土壤中生长良好。

【利用部位与理化成分】百里香全草含精油，其主要化学组成为间伞花烃、γ－松油烯、芳樟醇、龙脑、对叔丁基苯甲醇、乙酸香芹酯、麝香草酚、β－石竹烯异构体、香树烯等。茎叶可提芳香油，略有薰衣草的香气，可用于化妆品香精和皂用香精等作调和香料，亦可单离芳樟醇、龙脑等香料。

【采收与加工】百里香一般夏秋季采收茎叶，鲜草或干草均用水蒸气蒸馏法蒸馏提取其精油。

【资源开发与保护】百里香可作药用，有发汗、祛风、镇咳、防腐等功效。

薄荷

Mentha haplocalyx Briq.
土薄荷、水薄荷、鱼香草、野薄荷、夜息香
属唇形科 Labiatae 薄荷属植物

【形态特征】多年生草本，直立或基部外倾，茎爬生根状，有香气。叶对生，卵形或长圆形，基部楔形，先端急尖，边缘有尖锯齿。轮伞花序腋生；花小，花萼钟形，具 5 个三角形齿；花冠淡红色、紫色或白色，有 4 裂片，其上裂片稍大、长圆形，顶端略凹，其他 3 裂片较小，全缘；雄蕊 4；花柱顶端 2 裂，伸出花冠外面。小坚果长圆状卵形。花期 7—10 月，果于花后逐渐成熟。

【分布与生境】秦岭南北坡均有分布，生于海拔 400—1800m 的沟岸、渠边或沙滩潮湿多水的环境中。薄荷为长日照作物，性喜阳光。日照长，可促进薄荷开花，且利于薄荷油、薄荷脑的积累。对土壤的要求不十分严格，一般土壤均能种植，以砂质壤土、冲积土为好。

【利用部位与理化成分】薄荷全草含精油，其主要化学成分有薄荷醇、芳樟醇、薄荷酮、胡薄荷酮、桧烯、柠檬烯、乙酸壬酯等。

【采收与加工】薄荷收割的时间，应选晴天，从早上露水晒干后开始收割，一直进行至下午 3 时左右，割下的薄荷应平铺于田间，隔一天再加工，最好是晒至大半干。薄荷精油的提取最好用水蒸气回水蒸馏法。

【资源开发与保护】茎叶可提取芳香油，叫薄荷原油。它的主要用途是提取薄荷脑，用于糖果饮料、牙膏、牙粉以及医药制品，如仁丹、清凉油等。我国薄荷脑产量占世界第一位，在国际市场颇有盛誉。提取薄荷脑后的油叫薄荷素油，亦大量用于牙膏、牙粉、漱口剂、喷雾香精、医药制品等。

黄芩

Scutellaria baicalensis Georgi
香水水草、山茶根、土金茶根
唇形科 Labiatae 黄芩属植物

【形态特征】多年生草本。主根粗壮，呈圆锥状，直径约 2cm，长可达 50cm，其外皮黑褐色，片状脱落，断面呈黄色。茎丛生，分枝多而细，基部木质化。叶对生，近于无柄，长椭圆形或线状披针形，先端渐尖或急尖，基部圆或阔楔形，全缘，表面深绿色，背面淡绿色，有黑色腺点。总状花序顶生；花偏于一侧，具叶状苞片；花萼唇形，紫绿色，上唇背面有盾状附属物，果时增大，膜质；花冠蓝紫色，2 唇形，筒部细而弯曲；上唇 3 裂，兜状，下唇两侧向下反卷，中央部分下凹，雄蕊 4，2 强；雌蕊 1，子房上位，4 裂，花柱线状，先端 2 浅裂。小坚果，近圆形，包于宿存萼内。花期 7—8 月，果期 8—9 月。

【分布与生境】秦岭东段及中段的秦岭南北坡均产，常生于海拔 600—1700（2000）m 的向阳山坡草丛或沙土中。喜温暖，耐严寒，耐旱怕涝，土壤以壤土和沙质壤土，酸碱度以中性和微碱性为好，忌连作。

【利用部位与理化成分】黄芩干根含芳香油，其主要化学成分有薄荷酮、β－广藿香烯、异薄荷酮、α－愈创木烯、异戊二烯、β－芹子烯、己二酸二辛酯、雪松烯、正十六烷酸乙酯等。此外，黄芩还含有黄酮类化合物、萜类物质、多糖等。

【采收与加工】黄芩干根春秋两季皆可采挖，但以春季较好，挖取根部，去掉残茎及泥土，晒至半干，搓去外皮，再晒至四五成干，再搓一次，如此反复进行，直到外皮全部去掉，再晒至全干。品质以根长、坚实、表面光滑呈棕黄色，根状茎少者为好；根短，中空者则较次。贮藏于通风处。其挥发油的提取常采用超声波法。

【资源开发与保护】黄芩可入药，具泻实火、除湿热、止血、安胎的作用。可用于治疗壮热烦渴、肺热咳嗽、湿热泻痢、黄疸、热淋、吐、衄、崩、漏等。黄芩干根可用以提取精油。

藿香

Agastache rugosa (Fisch. et Mey.) O. Ktze.

苍告、合香、山茴香、土藿香、大薄荷、白薄荷、鱼香、铁马鞭

唇形科 Labiatae 藿香属植物

【形态特征】一年生或多年生草本，高 1m。茎直立，方形，近基部几木质化，微带红色，稀被微毛及腺体。叶对生，具长柄；叶片椭圆状卵形或卵形，先端锐尖或短渐尖，基部圆形或带心形，边缘具不整齐的钝锯齿，叶面散生透明腺点，背面被短柔毛；叶柄长 2—4.5cm。轮伞花序，聚成总状花序顶生，有时也有少数腋生；叶片线形或披针形；花萼筒状，先端 5 齿，有腺点；花冠唇形，紫红色少为白色，上唇微弯曲，顶端微凹，下唇 3 裂两侧裂片很短；雄蕊 4，2 强，伸出花冠外；子房深 4 裂，柱头 2 裂。小坚果倒卵形，有三棱，褐色，顶生有短柔毛。花期 6—9 月，果期 9—11 月。

【分布与生境】秦岭各地均产，常栽培于海拔 2000m 以下的地方。喜高温、阳光充足环境，喜欢生长在湿润、多雨的环境，怕干旱，对土壤要求不严，一般土壤均可生长。

【利用部位与理化成分】藿香全草含精油，其主要成分有 β-广藿香烯、β-石竹烯、α-愈创木烯、α-广藿香烯、广藿香醇、草藁素等。此外藿香还含有鞣质及苦味质。

【采收与加工】7—9 月采收。将采回的全草，除去根，放于干燥通风处阴干，不要曝晒，以免挥发油挥发。品质以干燥，茎叶外面暗绿色，无根的为好。保藏于干燥通风的地方。其精油的提取常采用水蒸气蒸馏法。

【资源开发与保护】藿香茎叶可提取芳香油，用作调配香精的原料，为一种名贵香料，多用于香料的定香剂，以制化妆品可保持香气持久不变。此外，其茎叶为芳香健胃、清凉退热药，有止恶心、呕吐作用，对消化不良及胃寒而引起的吐泻、腹痛、心闷等症有效。

荆芥

Nepeta cataria L.
小荆芥、香荆荠、线荠、四棱杆蒿、假苏
唇形科 Labiatae 荆芥属植物

【形态特征】多年生草本，高 1.5m，被白色短柔毛。叶卵形或三角状心形，基部心形或平截，具粗圆齿或牙齿，上面被微硬毛，下面被短柔毛，脉上毛较密。聚伞圆锥花序顶生；苞片及小苞片钻形。花萼管状，被白色短柔毛，萼齿内面被长硬毛，钻形，后齿较长；花冠白色，下唇被紫色斑点，长约 7.5mm，被白色柔毛，喉部内面被柔毛，上唇长约 2mm，先端微缺，下唇中裂片近圆形，具内弯粗牙齿，侧裂片圆。小坚果三棱状卵球形。花期 6—9 月，果于花后逐渐成熟。

【分布与生境】秦岭南北坡均有分布，生于海拔 700—1800m 的山坡、山谷路旁草丛、林下等场所。荆芥的适应力很强，性喜阳光，多生长在温暖湿润的环境中，对土壤要求不严，一般土壤都能种植，但以在疏松、肥沃的土壤上生长较好，高温多雨季节怕积水，短期积水会造成死亡。

【利用部位与理化成分】荆芥全草含精油，其主要化学成分为桧烯、7-辛烯-4-醇、柠檬烯、α-罗勒烯、苯乙酮、葛缕酮、香茅醇、乙酸香叶酯、橙花叔醇等。此外，荆芥还含有单萜苷、黄酮、有机酸、三萜、甾体类等化合物。

【采收与加工】荆芥可入药，采摘时，除去残根及杂质，喷淋清水、洗净、润透、切段，晒干即可。荆芥挥发油的提取采用的是水蒸气蒸馏法和溶剂提取法。

【资源开发与保护】荆芥全草入药，可治伤风感冒、头痛发热、咽喉肿痛、结膜炎等。亦可食用。

牛至

Origanum vulgare L.

小叶薄荷、野薄荷、五香草、署草、蘑菇草、满天星

唇形科 Labiatae 牛至属植物

【形态特征】直立或半偃卧草本，高约25—50cm，具匍匐根状茎，全体被白色柔毛；茎4棱。叶对生，阔卵形，全缘或偶有锯齿，两面有油点，叶柄长1—3mm。聚伞花序顶生，苞片卵形，绿色带紫，先端尖或钝；花两型，较大的为两性花，较小的为雌花，花冠粉红色，管状，5裂，唇形；萼齿内面密被白色长柔毛。花期6—9月，果于花后逐渐成熟。

【分布与生境】秦岭南北坡均有分布，生于海拔1000—2300m的山坡、草地、山谷沟岸道旁等阴湿场所。

【利用部位与理化成分】牛至全株含挥发油，其主要化学成分为1-甲基-3-(1-甲基乙基)苯、异松油烯、D-柠檬烯、苯乙酮、顺-β-松油醇、α-侧柏酮、牛至醇、香芹酚、百里香酚、丁香烯氧化物等。

【采收与加工】牛至挥发油的提取常采用水蒸气蒸馏法。

【资源开发与保护】全株可提取芳香油，油除供调配香精之外，尚可作酒曲配料。全草入药，可预防流感，治中暑、感冒、头痛身重、腹痛、呕吐、胸膈胀满、气阻食滞、小儿食积腹胀、腹泻、月经过多、崩漏带下、皮肤瘙痒及水肿等症，其散寒发表功用尤胜于薄荷。

丹参

Salvia miltiorrhiza Bunge
玉蝉草、赤参
唇形科 Labiatae 鼠尾草属植物

【形态特征】多年生草本，全株密被柔毛及腺毛，黄白色。根细长圆柱形，外皮朱红色。茎直立，方形，上部分歧。奇数羽状复叶对生；具小叶 3—5，稀为 7，上方小叶较两侧小叶为大，卵圆形至阔披针形，先端急尖，茎部斜圆形、阔斜形或近心形，边缘具圆锯齿，两面均被白色柔毛。总状花序顶生或腋生，小花断续轮生，每轮有花 3—10 朵；苞片披针形：花萼长钟状，带紫色，2 唇形；花冠筒状，蓝紫色，2 唇形，上唇呈镰刀状，下唇较短，圆形，3 裂，中央裂片较两侧为大；发育雄蕊 2，从上唇伸出；子房上位，4 深裂，柱头 2 裂；小坚果 4，椭圆形。花期 4—9 月，果期 9—10 月。

【分布与生境】秦岭南北坡均有分布，或广泛栽培，生于海拔 400—1200m 的山坡、林下及山沟等处。

【利用部位与理化成分】丹参含挥发油，其主要成分有 2- 甲基萘、丁化羟基甲苯、正十七烷、邻苯二甲酸二异丁酯、油酸、邻苯二甲酸正丁基异丁酯、正十六酸、正二十二烷等。此外，丹参还含有丹参酮 I、丹参酮Ⅱ、隐丹参酮、二氢丹参酮Ⅰ、异丹参酮、异丹参酮Ⅱ、异隐丹参酮、丹参新酮等化合物。

【采收与加工】丹参根可入药，春秋两季皆可采收，但以秋末冬初挖取质量较好；挖出后，剪掉茎叶和须根，洗净泥沙，晒干。品质以条粗、内紫黑色、有菊花状白点者为好。贮存于干燥通风的地方。丹参挥发油的提取常采用水蒸气蒸馏法。

【资源开发与保护】丹参根为妇科要药，治子宫出血、月经不调、腹痛、疝痛、月经痛等症。

鄂西鼠尾草

【形态特征】多年生草本；根茎横生，稍粗厚，径不及 1cm，顶端密被宿存的叶鞘。茎直立，高达 90cm，不分枝，四棱形，被具腺的疏柔毛。叶有基出叶及茎生叶两种，叶片均圆心形或卵圆状心形，先端圆形或骤然渐尖，基部心形或近戟形，边缘有粗大的圆齿状牙齿，齿锐尖或稍钝，有时具重牙齿及小裂片，膜质，上面深绿色，近无毛或略被短硬毛，下面色较淡，有明显的脉纹。轮伞花序通常 2 花，疏离，排列成疏松庞大总状圆锥花序；苞叶与茎生叶同形。花萼钟形，外面略被疏柔毛，内面密被微硬伏毛，二唇形，上唇宽三角形，下唇与上唇近等长，半裂成 2 齿，齿三角形，先端具小突尖，果萼增大。花冠黄色，唇片上具紫晕，冠筒直伸，冠檐二唇形，上唇微盔状，卵圆形，先端微凹，下唇与上唇近等长，3 裂，中裂片心形，先端微凹，基部收缩，边缘全缘，侧裂片小，半圆形或近平截。能育雄蕊伸出花冠，花丝近平伸，扁平，药室互相联合。花柱伸出花冠，先端极不相等 2 浅裂。小坚果倒卵圆形，两侧略扁。花期 6—7 月，果期 8—9 月。

【分布与生境】秦岭南北坡均有分布，生于海拔 1500—2700m 的山坡、林下及山沟等处。

【利用部位与理化成分】鄂西鼠尾草精油含量最高可达 2.5%，基本成分是酮和冰片。

【采收与加工】秋季采收，挥发油的提取常采用水蒸气蒸馏法。

【资源开发与保护】鄂西鼠尾草在秦岭较高海拔分布较广，有待于进一步开发。药用用于风湿痹痛、周身关节拘挛、手足不遂等。

夏枯草

Prunella vulgaris L.

麦穗夏枯草、铁线夏枯草、麦夏枯、铁线夏枯

唇形科 Labiatae 夏枯草属植物

【形态特征】多年生草本，全株被细柔毛，白色。根状茎匍匐于地上，下生多数细根。茎方形、直立或斜向上：通常带红色。叶对生，叶片椭圆状披针形，先端锐尖，基部楔形，全缘或有疏锯齿，两面均有毛，背面有腺点。轮伞花序顶生，呈穗状；苞片阔肾形，背面及边缘均有长硬毛，缘部呈紫色，有明显的脉纹，每苞片内含 3 朵花；花萼筒状，长 8mm，上唇平滑，长椭圆形，顶端具 3 小齿，中齿截形，中间有小突起，背面有或无毛，下唇具 2 深裂片，长约 4mm，背面及缘部均有粗毛；花冠唇形，紫色或白色，上唇帽状，2 裂，下唇平展 3 深裂，花柱丝状。小坚果长椭圆形，褐色。花期 4—6 月，果期 7—10 月。

【分布与生境】秦岭南北坡广泛分布，生于海拔 400—2500m 的山坡路旁、荒草地及水旁潮湿处。喜温暖湿润的环境。能耐寒，适应性强，但以阳光充足，排水良好的沙质壤土为好。

【利用部位与理化成分】夏枯草全草含精油，其主要化学成分有月桂烯、芳樟醇、薄荷酮、乙酸芳樟酯、莰烯、侧柏烯等。此外，夏枯草还含有多种化学物质，如伞型酮、木犀草苷、莨菪亭、夏枯草皂苷 A、夏枯草皂苷 B、丹参素等。

【采收与加工】夏枯草多在夏至到大暑间（6—7 月）采收，采下花穗，剪去穗柄，晒干即可。品质以干燥、穗长、红棕色、不带叶柄的为好，放在干燥通风处贮存即可。而夏枯草精油的提取可采用水蒸气蒸馏法。

【资源开发与保护】夏枯草花序为利尿药，治淋病有效，并能治高血压和瘰疬疮。

鸡骨柴

【形态特征】一年生草本或灌木，高0.5—1.3m，全株有香气；茎四方形，基部木质化，嫩枝被短柔毛。叶对生，披针形，顶端渐尖，基部下延，叶上半部具圆形锯齿，下半部全缘，向下延伸，两面多少被稀疏的柔毛，背面叶脉被长柔毛，柄极短。花小，白色或淡黄绿色，呈紧密的穗状花序，顶生；结果时，萼管伸长，萼管口部张开。小坚果褐色，平滑。花期8—9月，果期10—11月。

【分布与生境】产于秦岭北坡，生于海拔700—1800m的山坡路旁、灌丛或山谷沟岸两旁、路边灌丛。

【利用部位与理化成分】鸡骨柴茎叶含精油，其主要化学成分有3-侧柏烯、α-蒎烯、莰烯、β-蒎烯、蒎烯醇、桉树脑、γ-萜品烯、芳樟醇、乙酸橙花醇酯、石竹烯、别香树烯等。

【采收与加工】鸡骨柴当年的枝叶和花絮可入药，其采摘一般在夏秋两季，切段晒干即可。鸡骨柴精油的提取采用的是水蒸气蒸馏法。

【资源开发与保护】鸡骨柴茎叶均含芳香油，可研究其在香料工业中的应用价值。鸡骨柴当年的枝叶和花絮可入药，可治疗麻疹痘毒、湿热身痒等。

益母草

Leonurus artemisia (Laur.) S. Y. Hu
益母蒿、坤草、蓷、茺蔚、九重楼、云母草、森蒂
唇形科 Labiatae 益母草属植物

【形态特征】一年生或二年生草本，茎直立，通常高 30—120cm，钝四棱形，微具槽，有倒向糙伏毛。叶轮廓变化很大，茎下部叶轮廓为卵形，基部宽楔形，掌状 3 裂，裂片呈长圆状菱形至卵圆形，裂片上再分裂，上面绿色，有糙伏毛，叶脉稍下陷，下面淡绿色，被疏柔毛及腺点，叶脉突出，叶柄纤细，由于叶基下延而在上部略具翅，腹面具槽，背面圆形，被糙伏毛；茎中部叶轮廓为菱形，通常分裂成 3 个或偶有多个长圆状线形的裂片，基部狭楔形。轮伞花序腋生，具 8—15 花，轮廓为圆球形，多数远离而组成长穗状花序。花萼管状钟形花冠粉红至淡紫红色，长 1—1.2cm，外面于伸出萼筒部分被柔毛。雄蕊 4，均延伸至上唇片之下，平行，前对较长，花丝丝状，扁平，花药卵圆形，二室。花柱丝状，略超出于雄蕊而与上唇片等长，先端相等 2 浅裂。小坚果长圆状三棱形，顶端截平而略宽大，基部楔形，淡褐色，光滑。花期 6—9 月，果于花后逐渐成熟。

【分布与生境】秦岭各地均产，生于海拔 1000m 左右的山坡草地、路旁等各种环境。温暖湿润气候，喜阳光，对土壤要求不严，一般土壤和荒山坡地均可种植，以较肥沃的土壤为佳，需要充足水分条件，但不宜积水，怕涝。

【利用部位与理化成分】益母草全草含精油，其主要成分有 1- 辛烯 -3- 醇、芳樟醇、壬醇、顺式—石竹烯、反式—石竹烯、蛇麻烯、γ - 榄香烯、石竹烯氧化物、棕榈酸甲酯、棕榈酸、植醇等。此外，益母草还含有益母草碱、水苏碱、西班牙夏罗草酮、益母草二萜等。

【采收与加工】益母草可全草入药，其炮制一般是拣去杂质，洗净，润透，切段，晒干即可。而其精油常采用水蒸气蒸馏法提取。

【资源开发与保护】益母草可全草入药，有利尿消肿、收缩子宫的作用，是历代医家用来治疗妇科病的要药。

紫苏

【形态特征】一年生直立草本植物。茎高 0.3—2m，绿色或紫色，钝四棱形，具四槽，密被长柔毛。叶阔卵形或圆形，先端短尖或突尖，基部圆形或阔楔形，边缘在基部以上有粗锯齿，膜质或草质，两面绿色或紫色，或仅下面紫。轮伞花序 2 花，组成偏向一侧的顶生及腋生总状花序。花萼钟形，10 脉，直伸，下部被长柔毛，夹有黄色腺点，内面喉部有疏柔毛环，结果时增大，平伸或下垂，基部一边肿胀，萼檐二唇形，上唇宽大，3 齿，中齿较小，下唇比上唇稍长，2 齿，齿披针形。花冠白色至紫红色，冠筒短，喉部斜钟形，冠檐近二唇形，上唇微缺，下唇 3 裂，中裂片较大，侧裂片与上唇相近似。雄蕊 4，几不伸出，前对稍长，离生，插生喉部，花丝扁平，花药 2 室，室平行，其后略叉开或极叉开；雌蕊 1，子房 4 裂，花柱基底着生，柱头 2 室；花盘在前边膨大；柱头 2 裂。小坚果近球形，灰褐色，具网纹。花期 8—11 月，果期 8—12 月。

【分布与生境】秦岭各地均有栽培，生于海拔 1000m 左右村前房后。紫苏适应性很强，对土壤要求不严，排水良好，沙质壤土、壤土、黏壤土，房前屋后、沟边地边，肥沃的土壤上栽培，生长良好。

【利用部位与理化成分】紫苏全草含精油，其主要成分为：6– 甲基 –5– 庚烯 –2– 酮、芳樟醇、香茅烯、β – 柠檬醛、香叶醇、α – 柠檬醛、橙花叔醇等。此外，紫苏富含黄酮、类胡萝卜素及迷迭香酸等多种重要活性成分。

【采收与加工】采收紫苏要选择晴天收割，香气足，方便干燥，收紫苏叶用药应在 7 月下旬至 8 月上旬，紫苏未开花时进行。苏子梗于 9 月上旬开花前，花序刚长出时采收，用镰刀从根部割下，把植株倒挂在通风背阴的地方晾干，干后把叶子打下药用。苏子：9 月下旬至 10 月中旬种子果实成熟时采收。割下果穗或全株，扎成小把，晒数天后，脱下种子晒干。紫苏精油的提取可采用水蒸气蒸馏法。

【资源开发与保护】紫苏是我国常用中药，其叶也叫苏叶，有解表散寒、行气和胃的功能。紫苏全草可蒸馏紫苏油，种子出的油也称苏子油，长期食用苏子油对治疗冠心病及高脂血症有明显疗效。此外，紫苏还可作蔬菜。

小蓬草

Conyza Canadensis (L.) Cronq.
小白酒草、加拿大蓬、小飞蓬
菊科 Asteraceae 白酒草属植物

【形态特征】一年生或越年生杂草，株高 50—100cm，茎直立，具粗糙毛和细条纹。叶互生，叶柄短或不明显。叶片窄披针形，全缘或微锯齿，有长睫毛。头状花序有短梗，多形成圆锥状。总苞半球形，总苞片 2—3 层，披针形，边缘膜质，舌状花直立，小，白色至微带紫色，筒状花短于舌状花。瘦果扁长圆形，具毛，冠毛污白色。瘦果扁平，矩圆形，具斜生毛，冠毛 1 层，白色刚毛状，易飞散。花期 6—9 月，果期 9—10 月。

【分布与生境】秦岭各地均产，生于海拔 750—3200m 间的河滩、田野、路旁、山坡。喜阳，耐寒，土壤要求排水良好但周围要有水分，易形成大片群落。

【利用部位与理化成分】小白酒草含精油，其主要成分有反式 – α – 佛手柑油烯、α – 姜黄烯、顺式—香芹醇、柠檬烯二醇、香芹酮、植酮、β – 蒎烯等。

【采收与加工】小白酒草以全草或鲜叶入药，夏、秋采收，洗净，鲜用或晒干即可。而其精油的提取常采用水蒸气蒸馏法。

【资源开发与保护】小白酒草以全草或鲜叶入药，具有清热利湿、散瘀消肿的作用。可用以治疗肠炎、痢疾、传染性肝炎、胆囊炎；外用治牛皮癣、跌打损伤、疮疖肿毒、风湿骨痛、外伤出血；鲜叶捣汁治中耳炎、眼结膜炎。

Artemisia argyi Levl. et Van.
艾蒿、白艾、萧茅、冰台、遏草、香艾、蕲艾、艾萧
菊科 Asteraceae 蒿属植物

艾

【形态特征】多年生草本，高 50—120cm。全株密被白色茸毛，中部以上或仅上部有开展及斜升的花序枝。叶互生，下部叶在花期枯萎；中部叶卵状三角形或椭圆形，基部急狭或渐狭成短或稍长的柄，或稍扩大而成托叶状；叶片羽状或浅裂，侧裂片约 2 对，常楔形，中裂片又常三，裂片边缘有齿，上面被蛛丝状毛，有白色密或疏腺点，下面被白色或灰色密茸毛；上部叶渐小，三裂或不分裂，无柄。头状花序多数，排列成复总状，长约 3mm，直径 2—3mm，花后下倾；总苞片形；总苞片 4—5 层，边缘膜质，背面被绵毛；花带红色，多数，外层雌性，内层两性。瘦果常几达 1mm，无毛。花期 8—10 月，果期 10—11 月。

【分布与生境】秦岭南北坡均产，生于海拔 650—1300m 间的山坡和岩石旁。喜温暖湿润气候，耐旱，耐荫。以疏松肥沃、富含腐殖质的壤土栽培为宜。

【利用部位与理化成分】艾蒿全草含精油，其主要成分有 1,8- 桉叶油素、α－侧柏酮、α－侧柏酮异构体、侧柏醇、龙脑、油松醇、丁香酚、α－芹子醇等。

【采收与加工】艾蒿精油的提取可采用超临界 CO_2 萃取法。

【资源开发与保护】艾蒿全草可入药，具有温经、祛湿、散寒、止血、消炎、平喘等功效。艾叶可供灸用。艾草也是一种很好的食物，在我国南方传统食品中，有一种糍粑就是用艾草作为主要原料做成的。可以做天然植物染料使用，艾草染色还具有功能性作用。

黄花蒿

Artemisia annua Linn.

臭蒿、黄蒿、草蒿、香丝草、酒饼草、马尿蒿、苦蒿

菊科 Asteraceae 蒿属植物

【形态特征】一茎直立，高 50—150cm，多分枝，无毛。基部及下部叶在花期枯萎，中部叶卵形，三次羽状深裂，裂片及小裂片矩圆形或倒卵形，开展，顶端尖，基部裂片常抱茎，两面被短微毛；上部叶小，常一次羽状细裂。头状花序极多数，球形，有短梗，排列成复总状或总状，常有条形苞叶；总苞片 2—3 层，外层狭矩圆形，绿色，内层椭圆形，除中脉外边缘宽膜质；花托长圆形；花筒状，外层雌性，内层两性。瘦果矩圆形。花果期 8—11 月。

【分布与生境】秦岭南北皮均产，生于海拔 450—600m 间山坡、路边及荒地上。

【利用部位与理化成分】黄花蒿全草含精油，其主要成分有香豆素、别香树烯、β－芹子烯、α－甜没药醇、苯乙醛、樟脑、龙脑、丁香酚、蛔蒿酮等。

【采收与加工】黄花蒿可入药，一般秋季割取，晒干或切段晒干即可。黄花蒿精油提取可采用超声波辅助水蒸气蒸馏提取法。

【资源开发与保护】黄花蒿适应性强，可在草原、森林草原、干河谷、半荒漠及砾质坡地等，也见于盐渍化的土壤上，局部地区可成为植物群落的优势种或主要伴生种。因其植物体含挥发油，并含青蒿素，为抗疟的主要有效成分，治各种类型疟疾，具速效、低毒的优点，对恶性疟及脑疟尤佳。黄花蒿全草可入药，具有清热解疟、祛风止痒的功效。可用以治伤暑，疟疾、茎皮含全纤维素 47.8%，可供造纸。

甘菊

【形态特征】多所生草本，高5—20cm。茎直立或斜生，被灰白色绵毛。叶柄长，基部扩大；叶片矩圆形或卵形，羽状深裂，裂片2—5对，每个裂片又2—5浅裂或深裂，先端小裂片卵形或宽条形，先端钝或渐尖。头状花序单生于长4—16cm的梗上；总苞直径7—12mm，被疏绵毛或几无毛；总苞片3—4层，草质，外层总苞片条状披针形，边缘几无膜质，内层总苞片短于外层的一倍半，条状矩圆形，边缘宽膜质；花托明显凸出，锥状球形；花黄色，全部筒状，具5齿裂。瘦果长1.8—2.2mm，具5条从肋，先端具长约1mm的膜质小冠，小冠，小冠5浅裂。花期9—10月，果期10—11月。

【分布与生境】秦岭南北坡均产，生于海拔1300—2400m间的山坡。

【利用部位与理化成分】甘菊含精油，其主要成分有樟脑、α-侧柏桐、顺-菊油醇、1,8-桉油精、α-蒎烯、β-丁香烯等。

【采收与加工】取甘菊地上部分碾细，然后采用水蒸气蒸馏法提取甘菊精油。

【资源开发与保护】甘菊可入药，具有清热祛湿的功效，可用以治疗湿热黄疸。此外，甘菊花可泡茶，具有帮助睡眠、润泽肌肤的功效。

野菊

Dendranthema indicum (L.) Des Moul.
甘菊花、山黄菊、正菊花、野黄菊、野黄菊花
木兰科 Magnoliaceae 含笑属植物

【形态特征】多年生草本，高 30—60cm，顶部的枝常被白色短柔毛，有香气。叶互生，具柄，卵圆形至长圆状卵形，有羽状深裂片，中裂片较大，侧裂片 2—3 对，椭圆形或长圆状卵形，先端尖，表面疏被柔毛，背面被白色短柔毛及腺体，沿脉毛较密。头状花序顶生，直径 1.5—2.5cm，数个排列为伞房花序状，总苞半球形，外列总苞片边缘干膜质，中肋绿色被绵毛或短柔毛，内列总苞片全部干膜质，舌状花扩展，淡黄色，1—2 列，舌瓣长 11—13mm，宽 2.5—3mm；管状花先端 5 齿裂，深黄色。瘦果长 1.5mm，具 5 条纵纹，基部窄狭。花期 9—10 月，果期 10—11 月。

【分布与生境】秦岭南北坡均产，生于海拔 710—1570m 处的山谷路旁。

【利用部位与理化成分】野菊花含精油，其主要成分为 1,8- 桉叶油素、α - 侧柏烯、樟脑、加州月桂酮、松油醇、桃金娘烯醇、乙酸乙脑酯、香芹酚等。此外，野菊全草还含有蒙花苷、矢车菊苷、菊黄质、多糖等。

【采收与加工】当 9—10 月花盛开期，采下立即加工，叶和花均可用水蒸气蒸馏法，花亦可用浸提法制成浸膏。

【资源开发与保护】花和叶有芳香气息，可提取芳香油或浸膏，供调制各种皂用香精。花可供药用，具清热解毒的功效，治痈肿、疔疮、目赤、瘰疬、天疱疮、湿疹。此外，全株捣烂可作杀虫剂。

大花金挖耳

【形态特征】一年生草本，高 80—150cm；茎多分枝，绿褐色，具条纹，被短缩毛。单叶互生，广卵状椭圆形，卵形或长圆状卵形，基部圆形或阔披针形，突然渐狭下延成宽翼状长柄，先端尖，边缘具不整齐粗大重锯齿，两面疏具短毛，背面脉上密被毛；茎上部叶渐小。头状花序大，单生于茎或分枝的顶端，向下弯垂，直径 2.5—3.5cm，基部具多数叶状苞；总苞扁球形或半球形，总苞片 3 列，外列及中列苞片长椭圆状线形，绿色，锐尖，边缘干膜质，紫褐色，具撕裂状纤毛，内列苞片线状长圆形，边缘干膜质，紫褐色，具撕裂状纤毛；小花极多数，均为管状，有腺点，边缘小花雌性，先端 3—5 裂，中央小花两性，5 裂。瘦果狭长，有纵肋，先端狭长成喙状，喙周围密集黄褐色油腺。花期 7—8 月，果期 9—10 月。

【分布与生境】秦岭南北坡均产，生于海拔 2000m 以下的山坡林缘、山坡、山谷路边草丛、灌丛中。

【利用部位与理化成分】大花挖金耳含精油，其主要成分有 4- 甲基 -2- 乙基 -1- 戊烯、庚烯醛、罗勒烯、镰叶芹醇、大根香叶烯、甘菊环烃、葎草烯、二十二碳六烯酸甘油酯、α - 愈创木烯、氧化石竹烯等。

【采收与加工】于花期采收花序加工，水蒸气蒸馏法提取精油。

【资源开发与保护】花及果实含大量芳香油，供提芳香油原料。全草可入药，具有凉血、散淤、止血的功效，用于治疗跌打损伤、外伤出血。

珠光香青

Anaphalis margaritacea (L.) Benth. et Hook. f.
山萩
菊科 Asteraceae 香青属植物

【形态特征】多年生草本，茎直立，高 30—60cm，被灰白色绵毛。叶互生，无柄，基部抱茎，线状披针形或披针形，先端尖或钝尖，表面深绿色，近无毛，背面被灰白色或淡褐色长绵毛。雌雄异株或杂性，头状花序多数呈伞房状，着生于枝端，总苞球形，直径 0.8—1cm，总苞干膜质，5—7 列，带褐色或白色，雌花与两性花同株或近于异株，均为管状白色，雌花生平花盘外围，结实，两性花生于花盘中部，退化不育。花期 7—9 月，果期 9—10 月。

【分布与生境】秦岭南北坡均产，生于海拔 700—2600m 间的山坡草地、山谷路旁、林下等地。

【利用部位与理化成分】珠光香青全草含精油，其主要成分有 α-蒎烯、β-雪松烯、γ-愈创木烯、α-姜黄烯、十五烷、橙花叔醇、十六烷等。

【采收与加工】花宜在开放时采摘；茎叶宜在 6—10 月近根部采割。采收后茎叶与花应分别趁鲜加工，常用水蒸气蒸馏法提取精油。

【资源开发与保护】茎叶及花都含有芳香油，可用作调香原料。

蓍

【形态特征】多年生草本，具细的匍匐根茎。茎直立，高 40—100cm，有细条纹，通常被白色长柔毛，上部分枝或不分枝，中部以上叶腋常有缩短的不育枝。叶无柄，披针形、矩圆状披针形或近条形，二至三回羽状全裂。头状花序多数，密集成直径 2—6cm 的复伞房状；总苞矩圆形或近卵形，长约 4mm，宽约 3mm，疏生柔毛；总苞片 3 层，覆瓦状排列，椭圆形至矩圆形，中脉凸起，边缘膜质，棕色或淡黄色；托片矩圆状椭圆形，膜质，背面散生黄色闪亮的腺点，上部被短柔毛。边花 5 朵；舌片近圆形，白色、粉红色或淡紫红色，顶端 2—3 齿；盘花两性，管状，黄色，5 齿裂，外面具腺点。瘦果矩圆形，长约 2mm，淡绿色，有狭的淡白色边肋，无冠状冠毛。花期 6—8 月，果期 10 月。

【分布与生境】秦岭南北坡均产，生于海拔 1080—1800m 以下的山坡、沟谷、林缘。

【利用部位与理化成分】蓍茎、叶、花含精油，可作调香原料。全草含蓍素、乌头酸、菊糖、天门冬油及桉树脑等。

【采收与加工】花期采收，鲜时加工，通常采用水蒸气蒸馏法提取蓍草油。

【资源开发与保护】蓍全草可入药，有发汗、祛风之效。

忍冬

Lonicera japonica Thunb.
金银花、金银藤、银藤、二色花藤、二宝藤
忍冬科 Caprifoliaceae 忍冬属植物

【形态特征】多年生缠绕灌木，右旋，长达 8m。茎细，中空，多分枝，幼枝绿色，被柔毛；老枝无毛，皮棕褐色，膜质，呈条状剥裂。单叶对生，阔披针形，长卵形或长椭圆形，基部圆或近心形，先端急尖或渐尖，全缘，边缘密被长缘毛，表面深绿色，背色淡绿色，幼时两面均被柔毛，老时无毛或仅主脉上有毛；叶柄短，无毛，无托叶。花成对腋生，花密被短柔毛，苞片 2，叶状，卵形或阔卵形；萼 5 裂，宿存；花冠唇形，管细长，约与瓣片等长，上唇宽而 4 浅裂，下唇狭而不裂，被柔毛，初开放时白色，后变黄色，具清香味；雄蕊 5，高出花冠；子房下位。浆果成对，球形，成熟时黑色。花期 4—6 月，果期 10—11 月。

【分布与生境】秦岭南北坡均产，生于海拔 900—1500m 的山坡灌丛或山坡路旁及村庄附近。忍冬的适应性很强，对土壤和气候的选择并不严格，以土层较厚的沙质壤土为最佳。

【利用部位与理化成分】忍冬花含精油，其主要成分为莰烯、1- 己烯、顺式 -3- 己烯醇、反式 - 氧化芳樟醇、芳樟醇、双花醇、丁香酚、苯甲醇等。

【采收与加工】花已开放不能药用的，亦可利用提芳香油，主要在清晨采收。应用浸提法制浸膏。虽可用水蒸气蒸馏法制取芳香油，但香气不佳。

【资源开发与保护】花可提制芳香油，茎皮可作纤维用。花为植物抗生性药，能解热、消炎、杀菌，治热性病、身热无汗、痈肿、梅毒、淋病、肠炎、关节炎及一切化脓性疾患等；并有利尿作用。

盘叶忍冬

Lonicera tragophylla Hemsl.
大叶银花、大银花、叶藏花
忍冬科 Caprifoliaceae 忍冬属植物

【形态特征】落叶藤本。叶纸质，矩圆形或卵状矩圆形，稀椭圆形，长 5—12cm，顶端钝或稍尖，基部楔形。花序下方 1—2 对叶连合成近圆形或圆卵形的盘，盘两端通常钝形或具短尖头；叶柄很短或不存在。由 3 朵花组成的聚伞花序密集成头状花序生小枝顶端，共有 6—9 朵花；萼筒壶形，长约 3mm，萼齿小，三角形或卵形，顶钝；花冠黄色至橙黄色，上部外面略带红色，长 5—9cm，外面无毛，唇形，筒稍弓弯，长 2—3 倍于唇瓣，内面疏生柔毛；雄蕊着生于唇瓣基部，长约与唇瓣等；花柱伸出。果实成熟时由黄色转红黄色，最后变深红色，近圆形，直径约 1cm。花期 5—6 月，果熟期 7—10 月。

【分布与生境】秦岭南北坡均产，生于海拔 500—1800m 间的山坡灌丛或山坡路旁。性喜阳光，也耐半阴环境，楼房阳台栽植。

【利用部位与理化成分】盘叶忍冬花含精油，其主要成分为莰烯、1- 己烯、顺式 -3- 己烯醇、反式 - 氧化芳樟醇、芳樟醇、双花醇、丁香酚、苯甲醇等。

【采收与加工】花已开放不能药用的，亦可利用提芳香油，主要在清晨采收。应用浸提法制浸膏。虽可用水蒸气蒸馏法制取芳香油，但香气不佳。

【资源开发与保护】一年生的枝条可以编筐、编篮；老根可做根雕；花蕾和带叶嫩枝供药用，有清热解毒的功效，可入药、作茶。盘叶忍冬枝繁叶茂，花大色艳，枝顶一对叶合生成盘状，聚伞花序生于盘中央，俗称“金盘献佛手”，每当花季，一簇簇鲜黄色的花朵布满整个植株，体现了其独特的观赏价值。

缬草

Valeriana officinalis L.
小救驾、满山香、拔地麻
败酱草科 Valerianaceae 缬草属

【形态特征】多年生草本，茎直立，高 100—150cm，通常无毛，有纵条纹。具纺锤状根状茎或多数细长须根；基生叶丛出，早落或残存，长卵形，为奇数羽状复叶或为不规则深裂，小叶片 9—15，顶端裂片较大，全缘或具少数锯齿，具长柄，基部稍宽呈鞘状；茎生叶对生，无柄抱茎，奇数羽状全裂，裂片每边 4—10，披针形，全缘，或具不规则粗齿；由茎下向上叶渐小。伞房花序顶生，排列整齐；花小，白色或紫红色；小苞片卵状披针形，具纤毛；花萼退化；花冠管状，长约 5mm，5 裂，裂片长圆形；雄蕊 3，较花冠管稍长；子房下位，长圆形，蒴果光滑。花期 5—7 月，果期 8—9 月。

【分布与生境】秦岭南北坡均产，生于海拔 500—2800m 间的山坡草地和疏林下。性喜湿润，宜选地下水位高或低洼地种植，并要有良好的灌溉条件，耐涝，也较耐旱。土壤以中性或弱碱性的砂质壤土为好。

【利用部位与理化成分】缬草全草含精油，其主要成分有 α-蒎烯、莰烯、β-蒎烯、对伞花烯、柠檬烯、龙脑、乙酸龙脑酯、缬草酮等。

【采收与加工】8—9 月植株将枯萎时，挖取其根。除去泥土，放日光下晒至七八成干，再移于阴凉处阴干备用。干根经压碎后用水蒸气蒸馏法提取芳香油。

【资源开发与保护】根可提取芳香油，用于高级烟草用香精；山区的农民在五月节时常采块根填香包用。根及根状茎可供药用。

蜀五加

【形态特征】灌木，高达 4m；枝无刺或节上有一至数个刺；刺细长，针状，基部不膨大。叶通常有小叶 3；小叶片革质，长圆状椭圆形至长圆状卵形，先端短渐尖、渐尖至尾尖状，基部宽楔形至近圆形，边缘全缘、疏生齿牙状锯齿或不整齐细锯齿，侧脉约 8 对，上面不及下面明显，网脉不甚明显；小叶柄长 3—10mm。伞形花序单个顶生，或数个组成短圆锥状花序，直径约 3cm，有花多数；总花梗长 3—10cm；花梗长 0.5—2cm；花白色；萼无毛，边缘有 5 小齿；花瓣 5，三角状卵形，长 2mm，开花时反曲；雄蕊 5，花丝长约 2—2.5mm；子房 5 室，花柱全部合生成柱状。果实球形，有 5 棱，直径 6—8mm，黑色，宿存花柱长 1—1.2mm。花期 5—8 月，果期 8—10 月。

【分布与生境】秦岭南北坡均有分布，生于海拔 1200—2000m 的山谷、沟坡及林缘附近。

【利用部位与理化成分】树皮及叶含芳香油，其主要成分为香兰素、香豆素及黄樟油素等，可作调香料。

【采收与加工】剥取树皮干燥后粉碎，然后进行加工。可提取芳香油，一般采用浸提法提取芳香油。

【资源开发与保护】蜀五加树皮可药用，具祛风利湿、舒筋活血、止咳平喘之效。

藤五加

Acanthopanax leucorrhizus (Oliv.) Harms
白根五加
五加科 Araliaceae 五加属植物

【形态特征】落叶灌木，高2—4m，有时蔓生状；枝无毛，有下向细刺。掌状复叶；有小叶5；小叶片纸质，长圆形至披针形或倒披针形，稀倒卵形，顶端渐尖，稀尾尖，基部楔形，无毛，边缘有重锯齿，侧脉6—10对。伞形花序单个顶生或数个组成短圆锥花序，有花多数；花绿黄色，5数；萼无毛；花瓣长卵形；花柱合生成柱状。果实卵球形，5棱，宿存花柱。花期6—8月，果期8—10月。

【分布与生境】秦岭南北坡均有分布，生于海拔1500—2500m山坡杂木林内。

【利用部位与理化成分】树皮及叶含芳香油，其主要成分为香兰素、香豆素及黄樟油素等，可作调香料。其浸膏经除去苦味后，可用作食品香料原料。

【采收与加工】剥取树皮干燥后粉碎，然后进行加工。可提取芳香油，一般采用浸提法提取芳香油。

【资源开发与保护】藤五加树皮可药用，祛风湿，通经络，强筋骨。用于风湿痹痛、拘挛麻木、腰膝酸软、半身不遂、跌打损伤、水肿、皮肤温痒、阴囊湿肿等。

茴香

Foeniculum vulgare Mill.
小茴香、香丝菜、小茴香、茴香子、谷香
伞形科 Umbelliferae 茴香属植物

【形态特征】多年生草本，茎直立，高 60—200cm；小枝开展。叶互生，深绿色，圆卵形至阔三角形，数回羽状细裂，裂片呈丝状。叶柄具鞘。伞形花序顶生与侧生，顶生的较大，直径达 15cm，伞梗长 4—25cm，伞辐 8—30 条，长短不等；花黄色，花瓣 5，倒卵形，顶端内弯；雄蕊 5，子房下位，2 室，花柱基长圆锥形，花柱 2，短而弯曲。果为双悬果，长圆形，长约 5mm，宽约 2mm，果棱尖锐。花期 6—8 月，果期 8—10 月。

【分布与生境】秦岭南北坡均有栽培。以气候温暖、土壤肥沃，特别是沙质壤土最为适宜生长。

【利用部位与理化成分】茴香果实含精油，其主要化学成分有大茴香醚、异大茴香醚、小茴香酮、柠檬烯、桧烯等。

【采收与加工】当年种植的茴香一般在 5 月上旬，幼苗高 40cm 左右时即可采收；老的植株则可在 2—3 月割取，如管理施肥及时，每隔两月可收割一次。采收果实一般在 9—10 月间果实成熟时陆续进行。果实碾碎后提取芳香油，可采用水蒸气蒸馏法。

【资源开发与保护】果实提取的芳香油，为制造食品调味的香料，常用于配制酒、糖果、牙膏、牙粉以及香水化妆用香精等。幼茎嫩叶作蔬菜供食用。果实入药，有兴奋、祛风、健胃、矫味及催乳剂的功效。

芫荽

Coriandrum sativum L.
香荽、胡荽
伞形科 Umbelliferae 芫荽属植物

【形态特征】一年生或二年生，有强烈气味的草本，高 20—100cm。根纺锤形，细长，有多数纤细的支根。茎圆柱形，直立，多分枝，有条纹，通常光滑。根生叶有柄，柄长 2—8cm；叶片 1 或 2 回羽状全裂，羽片广卵形或扇形半裂，长 1—2cm，宽 1—1.5cm，边缘有钝锯齿、缺刻或深裂，上部的茎生叶 3 回以至多回羽状分裂，末回裂片狭线形，长 5—10mm，宽 0.5—1mm，顶端钝，全缘。伞形花序顶生或与叶对生，伞辐 3—7；小伞形花序有孕花 3—9，花白色或带淡紫色；萼齿通常大小不等，小的卵状三角形，大的长卵形；花瓣倒卵形，顶端有内凹的小舌片，通常全缘，有 3—5 脉；花丝长 1—2mm，花药卵形；花柱幼时直立，果熟时向外反曲。果实圆球形，背面主棱及相邻的次棱明显。胚乳腹面内凹。油管不明显，或有 1 个位于次棱的下方。花期 4—5 月，果期 6—7 月。

【分布与生境】秦岭南北坡广泛栽培。生长在肥沃而保肥力强的沙质土壤。

【利用部位与理化成分】芫荽果实含精油，其主要化学成分有芳香醇，能生成柠檬醛。芳香油具有清香，宛似二氢茉莉酮的气息，可用于需要此类香气的香精中。

【采收与加工】6—7 月间，果实成熟时采收，将采下的果枝晒干后，用棒轻敲打下果实，筛除枝梗和叶片，收集果实复晒一次即得。果实细小，须用口袋包装，储藏于干燥处。果实碾碎后提取芳香油，可采用水蒸气蒸馏法。

【资源开发与保护】芫荽茎叶作蔬菜和调香料，并有健胃消食作用；种子含油约 20%；果入药，有祛风、透疹、健胃、祛痰之效。

野胡萝卜

【形态特征】二年生草本，高15—120cm。茎单生，全体有白色粗硬毛。基生叶薄膜质，长圆形，二至三回羽状全裂，末回裂片线形或披针形，顶端尖锐，有小尖头，光滑或有糙硬毛；叶柄长3—12cm；茎生叶近无柄，有叶鞘，末回裂片小或细长。复伞形花序，花序梗长10—55cm，有糙硬毛；总苞有多数苞片，呈叶状，羽状分裂，少有不裂的，裂片线形；伞辐多数，长2—7.5cm，结果时外缘的伞辐向内弯曲；小总苞片5—7，线形，不分裂或2—3裂，边缘膜质，具纤毛；花通常白色，有时带淡红色；花柄不等长，长3—10mm。果实圆卵形，棱上有白色刺毛。花期5—6月，果期7—8月。

【分布与生境】秦岭南北坡广泛分布。生于山坡路旁、旷野或田间。

【利用部位与理化成分】野胡萝卜果实含精油0.4%—0.8%，其主要化学成分有胡萝卜醇、胡萝卜次醇、细辛醚和柠檬烯等。

【采收与加工】6—7月间，果实成熟时采收，将采下的果枝晒干后，用棒轻敲打下果实，筛除枝梗和叶片，收集果实复晒一次即得。果实碾碎后提取芳香油，可采用水蒸气蒸馏法。

【资源开发与保护】野胡萝卜野生资源较为丰富，可进一步开发利用。

鞣料类植物

鞣料类植物是一类体内富含单宁的植物。鞣质也称单宁质，广泛存在于植物界，是植物细胞液的主要组成成分之一。在活细胞中，它主要存在于空胞内，为一种溶液，当细胞成熟后，原生质解体，鞣质为细胞壁吸收并积存于死细胞内。

单宁是一种具有收敛性的非结晶形体，在水溶液中成胶体状态，有弱酸性反应，带涩味，遇铁盐可产生蓝色或绿色颜色反应；遇金属离子，反应或氧化产生黑色沉淀。

单宁在植物体内的生物合成和代谢，被认为与植物中的木质素和天然黄酮类的衍生物合成紧密相关。单宁是一类多元酚苯基丙烷化合物,主要由儿茶酚、没食子酸和根皮酚三种单体组成。

单宁分为两大类：水解性单宁，又称焦没食子酸类鞣质；缩合性单宁，又称儿茶酚鞣质。

“鞣料”或称“栲胶”，是从单宁含量丰富的植物中提取出来的复杂混合物，有膏状、块状、粉状或粒状；颜色棕黄至棕褐；其中包含有鞣质和非鞣质及不溶物等；主要成分是单宁。

单宁在工业上主要作鞣皮剂，用于制革。用水解性鞣质鞣制成的皮革，颜色淡而亮；用缩合鞣质鞣成的皮革，丰满柔软。因此，在鞣革时，一般多把两种鞣质配合起来使用，水解鞣质的用量在 30%—50%，或者更多一些。

鞣料除在纺织、印染和制革中应用外，在墨水制造、硬水软化、锅炉除垢、石油化工、气体脱硫以及陶瓷、建筑与农药和医药等方面都有利用。

单宁在食品和饮料中，能使食品产生收敛，发生涩味。单宁在茶叶、咖啡、可可、葡萄和槟榔中，会使这类食品及其加工产品具有特别的风味。

单宁广泛分布于植物界，但在低等的藻类、菌类和苔藓植物中则含量极少，或者不含。在蕨类植物中也只有一部分的科、属植物含量较多；种子植物普遍含有单宁，不少科、属含量非常丰富，是提取单宁的重要原料来源。

秦岭含单宁的植物资源也十分丰富，其中单宁含量高的有 30 科，近 50 属 100 余种。质量好的 50 余种；有开发利用价值的，单宁含量高达 10%—20% 或以上的有近 30 种。

蚊母树

【形态特征】常绿灌木或小乔木；小枝和芽有垢状鳞毛。叶厚革质，椭圆形或倒卵形，顶端钝或稍圆，基部宽楔形，全缘，下面无毛，侧脉5—6对，在下面略隆起。总状花序长2cm；苞片披针形；萼筒极短，花后脱落，萼齿大小不等，有鳞毛；花瓣不存在；雄蕊5—6；子房上位，有星状毛，花柱2，长6—7mm。蒴果卵圆形，不具萼筒，长约1cm，密生星状毛，室背及室间裂开。种子卵圆形，深褐色、发亮，种脐白色。花期4月，果期6—8月。

【分布与生境】秦岭南北坡广泛栽培。

【利用部位与用途】蚊母树树皮含鞣质6.6%—9.2%，非鞣质5.5%，为提取栲胶的原料。

【采收与加工】结合树木修剪与整形时剥取树皮，晒干或风干后，切成1—2cm的小段，进行浸提，温度以70—90℃为宜。

【资源开发与保护】蚊母树木材坚硬，可供家具、车辆、木船用材。树型美观，为常见观赏树木。

檵木

Loropetalum chinense (R. Br.) Oliver

金缕梅科 Hamamelidaceae 檵木属植物

【形态特征】常绿灌木或小乔木，多分枝，小枝有星毛。叶革质，卵形，长2—5cm，宽1.5—2.5cm，先端尖锐，基部钝，侧脉约5对，在上面明显，在下面突起，全缘；花3—8朵簇生，有短花梗，白色，比新叶先开放，或与嫩叶同时开放，花序柄长约1cm，被毛；苞片线形，长3mm；萼筒杯状，被星毛，萼齿卵形，长约2mm，花后脱落；花瓣4片，带状；雄蕊4个，花丝极短，药隔突出成角状；退化雄蕊4个，鳞片状，与雄蕊互生；子房完全下位，被星毛；花柱极短，长约1mm；胚珠1个，垂生于心皮内上角。蒴果卵圆形，长7—8mm，宽6—7mm，先端圆，被褐色星状绒毛，萼筒长为蒴果的2/3。种子圆卵形，黑色，发亮。花期3—4月，果期7—8月。

【分布与生境】秦岭南北坡广泛栽培。

【利用部位与用途】檵木茎叶含鞣质5.7%—8.7%，非鞣质6.3%—13.7%，为提取栲胶的原料。

【采收与加工】8—10月间采集枝叶，晒干或风干后，切成1—2cm的小段（片），进行浸提，温度以45—85℃为宜。

【资源开发与保护】檵木可供药用。叶用于止血，根及叶用于跌打损伤，有去瘀生新功效。檵木种子可榨油。花美丽，供观赏。

连香树

【形态特征】落叶大乔木，高 10—20m；树皮灰色或棕灰色；短枝在长枝上对生；芽鳞片褐色。生短枝上的叶近圆形、宽卵形或心形，生长枝上的叶椭圆形或三角形，长 4—7cm，宽 3.5—6cm，先端圆钝或急尖，基部心形或截形，边缘有圆钝锯齿，先端具腺体，掌状脉 7 条直达边缘。花单性，雌雄异株，先叶开放；雄花常 4 朵丛生；雌花 2—6 朵，丛生；心皮 4—8，离生，花柱红紫色。蓇葖果 2—4 个，荚果状，长 10—18mm，宽 2—3mm，褐色或黑色，微弯曲，先端渐细，有宿存花柱；果梗长 4—7mm；种子数个，扁平四角形，长 2—2.5mm（不连翅长），褐色，先端有透明翅，长 3—4mm。花期 4 月，果期 8 月。

【分布与生境】秦岭南北坡均有少量分布，生于海拔 1500—2500m 的山坡上或山谷中。

【利用部位与用途】连香树树皮含鞣质 11.1%，叶含鞣质 17.2%，为提取栲胶的原料。

【采收与加工】9—10 月间采叶，树皮结合木材砍伐时剥皮，晒干或风干后，切成 1—2cm 的小段（片），进行浸提，树皮以 70—90℃温度浸提，叶以 50—70℃为宜。

【资源开发与保护】连香树为二级保护植物，数量较少，应严加保护。其树干高大，寿命长，可供观赏。

落新妇

Astilbe chinensis (Maxim.) Franch. et Savat.
红升麻、金毛狗、金毛三七
虎耳草科 Saxifragaceae 落新妇属植物

【形态特征】落叶大乔木，株高 40—80cm，有粗根状茎。基生叶为二至三回三出复叶；小叶卵形、菱状卵形或长卵形，先端渐尖，基部圆形或宽楔形，边缘有重牙齿，两面只沿脉疏生有硬毛；茎生叶 2—3，较小。圆锥花序，密生有褐色曲柔毛，分枝长达 4cm；苞片卵形，较花萼稍短；花密集，几无梗；花萼 5 深裂；花瓣 5，红紫色，狭条形；雄蕊 10；心皮 2，离生。花期 6—7 月，果期 9 月。
【分布与生境】秦岭南北坡广泛分布，生于海拔 1200—2800m 的山谷湿润腐殖土或阴湿流水沟边。
【利用部位与用途】落新妇根状茎和叶含鞣质 10.4%，茎含鞣质 9%，可提制栲胶。
【采收与加工】叶可在 7—9 月间采；根状茎在 9—11 月间采挖。根状茎挖出后除去泥土、杂质，风干即可加工。根状茎以 70—95℃温度浸提，叶以 50—70℃为宜。
【资源开发与保护】干落新妇全草含氰酸，花含槲皮素。根和根状茎含岩白菜素。根状茎入药，辛、苦，温；散瘀止痛，祛风除湿，清热止咳。根状茎亦可酿酒。

合欢

【形态特征】落叶乔木，高可达16m，树冠开展；小枝有棱角，嫩枝、花序和叶轴被绒毛或短柔毛。二回羽状复叶，总叶柄近基部及最顶一对羽片着生处各有1枚腺体；羽片4—12对，栽培的有时达20对；小叶10—30对，线形至长圆形，长6—12mm，宽1—4mm，向上偏斜，先端有小尖头；中脉紧靠上边缘。头状花序于枝顶排成圆锥花序；花粉红色；花萼管状，长3mm；花冠长8mm，裂片三角形，长1.5mm，花萼、花冠外均被短柔毛；花丝长2.5cm。荚果带状。花期6—7月；果期8—10月。

【分布与生境】秦岭南北坡均有分布，生于海拔700—1700m的山坡、路旁及村边。合欢长迅速，能耐沙质土及干燥气候。

【利用部位与用途】合欢树皮含鞣质6.2%，叶含鞣质8.6%，可提制栲胶。

【采收与加工】树皮全年都可采收，一般在4月上旬，按照20cm的长度，进行剥皮，捆扎晒干即可。叶可在花期采，晒干备用。浸提前将树皮切成1—2cm的小块，树皮以70—90℃温度浸提，叶以50—75℃为宜。

【资源开发与保护】合欢开花如绒簇，十分可爱，常植为城市行道树、观赏树。心材黄灰褐色，边材黄白色，耐久，多用于制家具；嫩叶可食，老叶可以洗衣服；树皮供药用，有驱虫之效。

龙芽草

Agrimonia pilosa Ldb.
仙鹤草、龙头草、路边黄
蔷薇科 Rosaceae 龙芽草属植物

【形态特征】多年生草本。根多呈块茎状。茎高30—120cm，被疏柔毛及短柔毛，稀下部被稀疏长硬毛。叶为间断奇数羽状复叶，通常有小叶3—4对，向上减少至3小叶，叶柄被稀疏柔毛或短柔毛；小叶片无柄或有短柄，倒卵形，倒卵椭圆形或倒卵披针形，长1.5—5cm，宽1—2.5cm，顶端急尖至圆钝，基部楔形至宽楔形，边缘有急尖到圆钝锯齿。花序穗状总状顶生，分枝或不分枝，花序轴被柔毛，花梗长1—5mm，被柔毛；苞片通常深3裂，裂片带形，小苞片对生，卵形，全缘或边缘分裂；花直径6—9mm；萼片5，三角卵形；花瓣黄色，长圆形；雄蕊5—8—15枚；花柱2，丝状，柱头头状。果实倒卵圆锥形，外面有10条肋，顶端有数层钩刺，幼时直立，成熟时靠合。花期5—7月，果期8—9月。

【分布与生境】秦岭南北坡广泛分布，生于海拔380—2500m的山坡草地、灌丛、林缘疏林下及路旁、水沟边。

【利用部位与用途】龙芽草全株含鞣质13.7%，可提制栲胶。

【采收与加工】7—8月间，用镰刀割取全草或连根拔起，除净泥土，晒干或烘干。将茎叶切成1—2cm的小块，在温度70—85℃浸提。

【资源开发与保护】龙芽草全草供药用，为收敛止血药，兼有强心作用，市售止血剂仙鹤草素即自本品提取。近年使用秋末春初间的地下根茎芽，作驱绦虫特效药；全草捣烂水浸液喷洒，有防治蚜虫及小麦锈病之效。

Rosa multiflora Thunb. var. *cathayensis* Rehd. et Wils.
红刺玫、野蔷薇
蔷薇科 Rosaceae 蔷薇属

粉团蔷薇

【形态特征】攀缘落叶灌木；小枝圆柱形，通常无毛，有短、粗稍弯曲皮束。小叶 5—9，近花序的小叶有时 3，连叶柄长 5—10cm；小叶片倒卵形、长圆形或卵形，先端急尖或圆钝，基部近圆形或楔形，边缘有尖锐单锯齿；托叶篦齿状，大部贴生于叶柄。花淡红色或蔷薇红色，直径 3—4cm，排成伞房花序；花梗长 2—3cm，无毛或有腺毛，有时基部有篦齿状小苞片；萼片披针形，有时中部具 2 个线形裂片，外面无毛，内面有柔毛；花瓣 5，单瓣，宽倒卵形，先端微凹，基部楔形；花柱结合成束，比雄蕊稍长。果近球形，直径 6—8mm，红色。花期 5—6 月，果期 8—9 月。

【分布与生境】秦岭南北坡广泛分布，生于海拔 500—1900m 的山坡林缘、山谷、灌丛、河岸等地。喜阳光，不耐荫，耐寒力强。对土壤要求不严，耐干旱，耐水湿，耐瘠薄，在土层深厚、肥沃湿润而又排水良好的土壤中则生长更好。

【利用部位与用途】根皮含鞣质 23.3%，可提制栲胶。

【采收与加工】一年四季均可采挖，但秋季挖掘的根含鞣质较多。选择生长年龄较大（5 年左右）、根条粗、颜色紫红的。将根上泥土除净，用木棒锤打，将根打裂，剥取根皮，晒干或烘干，置通风干燥处。将根皮粉碎成 1—3cm 小块，在温度 75—90℃浸提。

【资源开发与保护】粉团蔷薇秦岭野生资源较丰富。鲜花含有芳香油可提制香精，用于化妆品工业。根、叶、花和种子均入药，根能活血通络收敛，叶外用治肿毒，种子称营实，能峻泻、利水通经。也可栽培作绿篱、护坡及棚架绿化材料。

委陵菜

Potentilla chinensis Ser.

一白草、生血丹、扑地虎、五虎噙血、天青地白

蔷薇科 Rosaceae 委陵菜属植物

【形态特征】多年生草本。根粗壮，圆柱形，稍木质化。花茎直立或上升，高20—70cm。基生叶为羽状复叶，有小叶5—15对，间隔0.5—0.8cm，连叶柄长4—25cm；小叶片对生或互生，上部小叶较长，向下逐渐减小，无柄，长圆形、倒卵形或长圆披针形，长1—5cm，宽0.5—1.5cm，边缘羽状中裂，裂片三角卵形，三角状披针形或长圆披针形，顶端急尖或圆钝，边缘向下反卷。伞房状聚伞花序；花直径通常0.8—1cm；萼片三角卵形，顶端急尖，副萼片带形或披针形，顶端尖，比萼片短约1倍且狭窄，外面被短柔毛及少数绢状柔毛；花瓣黄色，宽倒卵形，顶端微凹，比萼片稍长；花柱近顶生，基部微扩大，柱头扩大。瘦果卵球形，深褐色，有明显皱纹。花果期4—10月。花期4—6月，果期7—8月。

【分布与生境】秦岭南北坡广泛分布，生于海拔380—2300m的向阳山坡草地或路旁、林缘、灌丛或疏林下。

【利用部位与用途】委陵菜根含鞣质9.0%，可提制栲胶。

【采收与加工】秋季至次年春季抽芽前挖根，挖起后除净泥土杂质，晒干。将根切成1—3cm的小段，在温度70—85℃浸提。

【资源开发与保护】委陵菜秦岭野生资源丰富。全草入药，能清热解毒、止血、止痢。嫩苗可食并可作猪饲料。

地榆

【形态特征】多年生草本，高 30—120cm。根粗壮，多呈纺锤形，表面棕褐色或紫褐色，有纵皱及横裂纹，横切面黄白或紫红色，较平正。茎直立，有稜。基生叶为羽状复叶，有小叶 4—6 对；小叶片有短柄，卵形或长圆状卵形，长 1—7cm，宽 0.5—3cm，顶端圆钝稀急尖，基部心形至浅心形，边缘有多数粗大圆钝稀急尖的锯齿；茎生叶较少，小叶片有短柄至几无柄，长圆形至长圆披针形，狭长，基部微心形至圆形，顶端急尖；基生叶托叶膜质，褐色。穗状花序椭圆形，圆柱形或卵球形，直立，从花序顶端向下开放；苞片膜质，披针形，顶端渐尖至尾尖，比萼片短或近等长；萼片 4 枚，紫红色，椭圆形至宽卵形，中央微有纵稜脊，顶端常具短尖头；雄蕊 4 枚，花丝丝状，不扩大，与萼片近等长或稍短；子房外面无毛或基部微被毛，柱头顶端扩大，盘形，边缘具流苏状乳头。果实包藏在宿存萼筒内，外面有斗稜。花期 7—8 月，果期 9—10 月。

【分布与生境】秦岭南北坡广泛分布，生于海拔 400—2500m 的向阳山坡、林缘、灌丛或疏林下。

【利用部位与用途】地榆根含鞣质 11.5%，茎、叶含鞣质 9.9%，根、茎、叶均可提制栲胶。

【采收与加工】地榆晚期比早期鞣质含量高，采收应在秋后进行。一年生地榆的根较小，且鞣质含量低，不宜采收，尽量采收多年生植株。地榆根茎叶均含有鞣质，均可提取栲胶。采收的原料应在阴凉处风干，不宜暴晒、雨淋，防止霉变。将原料切成 1cm 的小段，在温度 50—60℃浸提。

【资源开发与保护】地榆根为止血要药及治疗烧伤、烫伤。嫩叶可食，又作代茶饮。

辽东栎

Quercus wutaishanica Mayr
辽东柞、小青冈、青冈栎
壳斗科 Fagaceae 栎属植物

【形态特征】落叶乔木，高达 15m，树皮灰褐色，纵裂。幼枝绿色，老时灰绿色，具淡褐色圆形皮孔。叶片倒卵形至长倒卵形，长 5—17cm，宽 2—10cm，顶端圆钝或短渐尖，基部窄圆形或耳形，叶缘有 5—7 对圆齿，侧脉每边 5—7 条。雄花序生于新枝基部，长 5—7cm，花被 6—7 裂，雄蕊通常 8；雌花序生于新枝上端叶腋，长 0.5—2cm，花被通常 6 裂。壳斗浅杯形，包着坚果约 1/3，直径 1.2—1.5cm，高约 8mm；小苞片长三角形，长 1.5mm，扁平微突起，被稀疏短绒毛。坚果卵形至卵状椭圆形，直径 1—1.3cm，高 1.5—1.8cm，顶端有短绒毛；果脐微突起，直径约 5mm。花期 6 月，果期 9—10 月。

【分布与生境】秦岭南北坡广泛分布，生于海拔 1350—2300m 的山坡向阳或干燥处。

【利用部位与用途】种子含油 47%，种子油可作制肥皂原料，亦可用作润滑油。辽东栎叶含鞣质 15.3%，壳斗含鞣质 7.3%，可提制栲胶。

【采收与加工】辽东栎壳斗的采收可与果实的采收同时进行，将采得的带壳斗果实堆在干燥通风处，壳斗干燥后，自行开裂，然后将壳斗与果实分别收藏，晒干后置于通风处贮存。将壳斗切成 1cm 的小段，叶树揉碎成 2—31cm 小片。壳斗在温度 50—60℃浸提，树叶以 65—75℃的温度浸提。

【资源开发与保护】辽东栎木材结构较粗，边材黄褐色，心材深褐色，气干密度 0.83g/cm^3，叶含蛋白质 17.97%，种子含淀粉 51.3%、单宁 8.3%；叶可饲柞蚕，种子可酿酒或作饲料。

白桦

Betula platyphylla Suk.
粉桦、桦皮树
桦木科 Betulaceae 桦木属植物

【形态特征】乔木，高可达27m；树皮灰白色，成层剥裂；枝条暗灰色或暗褐色。叶厚纸质，三角状卵形，三角状菱形，三角形，少有菱状卵形和宽卵形，长3—9cm，宽2—7.5cm，顶端锐尖、渐尖至尾状渐尖，基部截形，宽楔形或楔形，有时微心形或近圆形，边缘具重锯齿，有时具缺刻状重锯齿或单齿，上面于幼时疏被毛和腺点，成熟后无毛无腺点，下面无毛，密生腺点，侧脉5—7对。果序单生，圆柱形或矩圆状圆柱形，通常下垂，长2—5cm，直径6—14mm；果苞长5—7mm，背面密被短柔毛至成熟时毛渐脱落，边缘具短纤毛，基部楔形或宽楔形，中裂片三角状卵形，顶端渐尖或钝，侧裂片卵形或近圆形，直立、斜展至向下弯，如为直立或斜展时则较中裂片稍宽且微短，如为横展至下弯时则长及宽均大于中裂片。小坚果狭矩圆形、矩圆形或卵形，膜质翅较果长1/3，较少与之等长，与果等宽或较果稍宽。花期4—5月，果期9—10月。

【分布与生境】秦岭南北坡均分布，生于海拔1000—2300m的山坡或山梁，可形成小片纯林。白桦适应性强，分布甚广，尤喜湿润土壤，为次生林的先锋树种。

【利用部位与用途】树皮含鞣质11%，可提制栲胶。

【采收与加工】剥取树皮应结合伐木时进行，剥下的树皮晒干后打捆，或将袋置于通风干燥处贮存。将树皮切成1—3cm的小段，进行浸提，浸提温度以70—90℃为宜。

【资源开发与保护】白桦木材可供一般建筑及制作器、具之用，树皮可提桦油，白桦皮在民间常用以编制日用器具。本种易栽培，可为庭园树种。

盐肤木

Rhus chinensis Mill.
五倍子树
漆树科 Anacardiaceae 盐肤木属植物

【形态特征】落叶小乔木或灌木，高 2—10m；小枝棕褐色。奇数羽状复叶有小叶 7—13，叶轴具宽的叶状翅，小叶自下而上逐渐增大，叶轴和叶柄密被锈色柔毛；小叶多形，卵形或椭圆状卵形或长圆形，先端急尖，基部圆形，顶生小叶基部楔形，边缘具粗锯齿或圆齿，叶面暗绿色，叶背粉绿色，被白粉，侧脉和细脉在叶面凹陷，在叶背突起；小叶无柄。圆锥花序宽大，多分枝，雄花序长 30—40cm，雌花序较短，花白色；雄花：花瓣倒卵状长圆形，开花时外卷；雄蕊伸出，花丝线形，花药卵形，子房不育；雌花：花瓣椭圆状卵形，边缘具细睫毛，里面下部被柔毛；雄蕊极短；花盘无毛；子房卵形，花柱 3，柱头头状。核果球形，被具节柔毛和腺毛，成熟时红色。花期 8—9 月，果期 10 月。

【分布与生境】秦岭南北坡广泛分布，生于海拔 500—2000m 的疏林、灌丛山坡林中。适应性强，不择土壤，喜生于阳光充足山坡、沟谷、溪边的疏林或灌丛中。

【利用部位与用途】盐肤木的幼枝枝嫩叶，受一种寄生蚜虫（即五倍子虫）刺激后形成的虫瘿叫作五倍子，含有很高的鞣质，为著名的提取鞣酸和黑色染料的原料。可供鞣革、医药、塑料和墨水等工业上用。

【采收与加工】在 7—8 月间蚜虫尚未穿出五倍子壳前采收为宜，虫出壳后的五倍子质量较差。五倍子采下后于阳光下晒干或用小火烘干。贮藏时不能被雨淋或受潮，易发霉。

【资源开发与保护】盐肤木种子含油量 20%—25%，种子油可制肥皂及工业用油。果泡水代醋用，生食酸咸止渴。根、叶、花及果均可供药用。

青麸杨

【形态特征】落叶乔木，高 5—8m；树皮灰褐色。奇数羽状复叶有小叶 3—5 对，叶轴无翅；小叶卵状长圆形或长圆状披针形，长 5—10cm，宽 2—4cm，先端渐尖，基部多少偏斜，近回形，全缘。圆锥花序长 10—20cm；花白色，径 2.5—3mm；花梗长约 1mm，裂片卵形，长约 1mm，边缘具细睫毛；花瓣卵形或卵状长圆形，长 1.5—2mm，宽约 1mm，边缘具细睫毛，开花时先端外卷；花丝线形，长约 2mm，在雌花中较短，花药卵形；花盘厚；子房球形，密被白色绒毛。核果近球形，略压扁，成熟时红色。花期 5—6 月，果期 8—9 月。

【分布与生境】秦岭南北坡均分布，生于海拔 800—2000m 的向阳的山坡及灌木丛中。能耐旱，在瘠薄的沙砾土壤中也能生长。

【利用部位与用途】叶上所生虫瘿，俗称五倍子，鞣质含量高达 60%—80%，供工业用及药用。茎皮和叶也含鞣质，可提制栲胶。

【采收与加工】在 7—8 月间蚜虫尚未穿出五倍子壳前采收为宜，虫出壳后的五倍子质量较差。五倍子采下后于阳光下晒干或用小火烘干。贮藏时不能被雨淋或受潮，易发霉。

【资源开发与保护】青麸杨在秦岭分布较为广泛，可进一步开发利用。

红麸杨

Rhus punjabensis Stewart var. *sinica* (Diels) Rehd. et Wils.
林麸子、漆倍子、倍子树、旱倍子
漆树科 Anacardiaceae 盐肤木属植物

【形态特征】落叶乔木或小乔木，高 4—15m，树皮灰褐色。奇数羽状复叶有小叶 3—6 对，叶轴上部具狭翅；叶卵状长圆形或长圆形，长 5—12cm，宽 2—4.5cm，先端渐尖或长渐尖，基部圆形或近心形，全缘，侧脉较密，约 20 对，不达边缘，在叶背明显突起；叶无柄或近无柄。圆锥花序长 15—20cm，密被微绒毛；花小，径约 3mm，白色；花梗短，花萼外面疏被微柔毛，裂片狭三角形，边缘具细睫毛，花瓣长圆形，长约 2mm，宽约 1mm，两面被微柔毛，边缘具细睫毛，开花时先端外卷；花丝线形，在雌花中较短，花药卵形；花盘厚，紫红色；子房球形，雄花中有不育子房。核果近球形，略压扁，成熟时暗紫红色；种子小。花期 6 月，果期 8—9 月。

【分布与生境】秦岭南北坡普遍分布，生于海拔 1500—2000m 的山坡、河谷杂木林内。

【利用部位与用途】红麸杨虫瘿（即）五倍子，鞣质含量高达 70%，供工业用及药用。茎皮和叶也含鞣质，可提制栲胶。

【采收与加工】在 7—8 月间蚜虫尚未穿出五倍子壳前采收为宜，虫出壳后的五倍子质量较差。五倍子采下后于阳光下晒干或用小火烘干。贮藏时不能被雨淋或受潮发霉。

【资源开发与保护】红麸杨木材白色，质坚，可作家具和农具用材。种子可榨油，为干性油，可作工业上机器润滑油及制肥皂原料。

柳兰

Epilobium angustifolium L.
铁筷子、火烧兰、糯芋
柳叶菜科 Onagraceae 柳叶菜属植物

【形态特征】多年粗壮草本，直立，丛生；根状茎广泛匍匐于表土层，木质化。茎高20—130cm，圆柱状，下部多少木质化。叶螺旋状互生，茎下部的近膜至，披针状长圆形至倒卵形，常枯萎，褐色，中上部的叶近革质，线状披针形或狭披针形，先端渐狭，基部钝圆或有时宽楔形，侧脉常不明显，每侧10—25条，近平展或稍上斜出至近边缘处网结。花序总状，直立。花在芽时下垂，到开放时直立展开；子房淡红色或紫红色；花管缺，花盘深0.5—1mm，径2—4mm；萼片紫红色，长圆状披针形，先端渐狭渐尖，被灰白柔毛；粉红至紫红色，稍不等大；花药长圆形，初期红色，开裂时变紫红色，产生带蓝色的花粉，花粉粒常3孔；花柱8—14mm，开放时强烈反折，后恢复直立，下部被长柔毛；柱头白色，深4裂，裂片长圆状披针形。蒴果长4—8cm，密被贴生的白灰色柔毛。花期6—9月，果期8—10月。

【分布与生境】秦岭南北坡广泛分布，生于海拔1500m以上的高山草地、河滩、砾石坡、向阳山坡、林缘、灌丛或疏林下。

【利用部位与用途】柳兰根、茎、叶、花和果实均含鞣质，其中根中鞣质含量为13.3%，全草鞣质含量为10.7%，可作栲胶原料。

【采收与加工】8—9月挖取全株，除净根上泥土，最好立即加工，否则，应将植株阴干或晒干，捆成50—100kg的大捆，置于干燥处贮存。将全株切成1—2cm的小段，在温度60—85℃浸提。

【资源开发与保护】柳兰为火烧后先锋植物与重要蜜源植物；嫩苗开水后可作沙拉食用，茎叶可作猪饲料；根状茎可入药，能消炎止痛，治跌打损伤。

虎杖

Reynoutria japonica Houtt.
酸筒杆、酸桶芦、大接骨、散血草
蓼科 Polygonaceae 虎杖属植物

【形态特征】多年生草本。根状茎粗壮，横走。茎直立，高1—2m，粗壮，空心，具明显的纵棱，散生红色或紫红斑点。叶宽卵形或卵状椭圆形，长5—12cm，宽4—9cm，近革质，顶端渐尖，基部宽楔形、截形或近圆形，边缘全缘，疏生小突起；托叶鞘膜质，偏斜，长3—5mm，褐色，具纵脉，顶端截形，无缘毛，常破裂，早落。花单性，雌雄异株，花序圆锥状，长3—8cm，腋生；苞片漏斗状，每苞内具2—4花；花梗长2—4mm，中下部具关节；花被5深裂，淡绿色，雄花花被片具绿色中脉，无翅，雄蕊8，比花被长；雌花花被片外面3片背部具翅，果时增大，翅扩展下延，花柱3，柱头流苏状。瘦果卵形，具3棱，黑褐色，有光泽，包于宿存花被内。花期7—8月，果期8—10月。

【分布与生境】秦岭南北坡均有分布，生于海拔700—1500m的山坡路旁和河岸，喜潮湿。

【利用部位与用途】根状茎和叶均含鞣质，其中叶中鞣质含量为17.0%，可提制栲胶。

【采收与加工】果可在花期结束后（7—8月）采摘叶片，此时鞣质含量较高。采后最好立即加工，若需贮存，须将叶阴干。9—10月间挖掘3年以上的老根状茎，晒干贮存。将叶切成3—5cm的小片，根状茎切成1—2cm的小段，在温度60—85℃浸提。

【资源开发与保护】虎杖生长快，生物量大，有进一步开发的价值。根状茎供药用，有活血、散瘀、通经、镇咳等功效。嫩茎叶可当菜食用。

赤胫散

【形态特征】一年生或多年生草本植物；高 25—70cm；根状茎细长；茎直立或倾斜，分枝或不分枝，有纵沟。叶片三角状卵形，腰部内陷，先端渐尖，基部截形，稍下延至叶柄，叶耳长圆形或半圆形，先端圆钝，长 0.5—1cm，有的近于无叶耳，先端截形，有短缘毛或无。头状花序，直径 0.5—1cm，有数朵至 10 余朵花，由数个至多个花序排列成聚伞状花序；苞片卵形，内有 1 朵花，花柄短或无柄；花萼白色或粉红色，5 片；雄蕊 8 枚，中部以下与花萼连合，花药黄色；花柱三个，中部以下连合，柱头头状，与花萼等长或稍露出。瘦果球状三棱形，褐色，表面有点状突起，包在宿存的花萼内。花期 6—7 月，果期 7—9 月。

【分布与生境】秦岭南北坡均有分布，生于海拔 800—2200m 的山坡草地、山谷灌丛或路旁湿草地。

【利用部位与用途】根状茎含鞣质 25%，可提制栲胶。

【采收与加工】春末秋初挖根状茎，此时鞣质含量较高。挖出后，除去须根、茎叶及泥土等杂质，即可加工或晒干贮存。根状茎切成 1—2cm 的小段，在温度 60—85℃浸提。

【资源开发与保护】赤胫散根状茎及全草入药，清热解毒，活血止血。

商陆

Phytolacca acinosa Roxb.
章柳、山萝卜、见肿消
商陆科 Phytolaccaceae 商陆属植物

【形态特征】多年生草本。根状茎粗壮，横走。茎直立，高 1—2m，粗壮，空心，具明显的纵棱，散生红色或紫红斑点。叶宽卵形或卵状椭圆形，长 5—12cm，宽 4—9cm，近革质，顶端渐尖，基部宽楔形、截形或近圆形，边缘全缘，疏生小突起；托叶鞘膜质，偏斜，长 3—5mm，褐色，具纵脉，顶端截形，无缘毛，常破裂，早落。花单性，雌雄异株，花序圆锥状，长 3—8cm，腋生；苞片漏斗状，每苞内具 2—4 花；花梗长 2—4mm，中下部具关节；花被 5 深裂，淡绿色，雄花花被片具绿色中脉，无翅，雄蕊 8，比花被长；雌花花被片外面 3 片背部具翅，果时增大，翅扩展下延，花柱 3，柱头流苏状。瘦果卵形，具 3 棱，黑褐色，有光泽，包于宿存花被内。花期 7—8 月，果期 8 10 月。

【分布与生境】秦岭南坡普遍分布，生于海拔 400—3400m 的沟谷、山坡林下、林缘路旁。

【利用部位与用途】果实含鞣质 12%，可提制栲胶。

【采收与加工】8—9 月间采集黑紫色浆果，晒干或烘干贮存。将干果实用石碾碾碎，在温度 50—75℃浸提。

【资源开发与保护】商陆根入药，以白色肥大者为佳，红根有剧毒，仅供外用。通二便，逐水、散结，治水肿、胀满、脚气、喉痹，外敷治痈肿疮毒。也可作兽药及农药。嫩茎叶可供蔬食。

农药植物

农药植物是指一类具有杀虫灭菌作用，或含有杀虫灭菌活性成分的植物。利用此类植物有机体的全部或部分有机物质及其次生代谢物质加工而成的制剂，包括从植物中提取的活性成分、植物本身和按活性结构合成的化合物及衍生物，统称为植物（源）农药。

绝大多数植物性农药对人畜均比较安全，在施用中不会发生严重的中毒事故；同时，喷在作物上容易分解，能避免留有残毒的危险，很适用在果蔬类的食用植物上。此外，不少植物农药还有刺激生长的作用，有利于作物产量的增加。因此，植物农药在防治作物病虫害中，占有很重要的地位。我国野生植物资源丰富，已发现农药植物 220 种，分布于 86 个科，其中属于蓼科、毛茛科、豆科、芸香科、大戟科、茄科、菊科、百部科、天南星科等 8 个科的种类最多。截至 2014 年 12 月我国植物农药登记的有效成分 29 种，植物源农药产品共 127 种，占农药产品总量的 16%。植物源杀虫剂按其活性成分划分共有 17 种，其中产量较多的是苦参碱、印楝素和除虫菊素。

植物农药的有效成分，一般分布在整个植株的各部分，但往往在植物体特定的部位特别多些。如狼毒、苦参等的有效成分在根部较多，苦楝、无患子、巴豆、厚果鸡血藤、皂角、豆薯等在种子内较多，烟草、番茄、夹竹桃等在叶内较多，除虫菊、闹羊花、曼陀罗等在花内较多，苦树、臭椿、榆树在皮内较多。植物农药的有效成分种类亦很复杂，有的含有生物碱类，如烟草、雷公藤、草麻、苦楝、百部等；有的含有糖苷类，如苦参、杠柳等；有的含有皂素，如皂荚、无患子等；有的含有挥发性的芳香油，如大叶桉、蛇床子、细辛等。一般地说，生物碱类不但对植物病、虫有毒效外，且对高等动物的毒性也较大，使用时要特别注意安全。糖苷与皂素除对病、虫有毒效外，如果与化学农药混用，尚可改进农药的物理性能，增加毒效。芳香油则具有很大的穿透作用，亦有助于提高杀虫毒效。

植物性农药所含有效成分的多少，受采收时期的影响很大，如烟叶内所含烟碱量以愈老熟愈多，除虫菊花则在初开放时有效成分最多，乌头在冬季挖掘最好，狼毒则春冬两季皆可挖掘，而百部在秋季最好。就一般而论，植物的地下部分，如地下茎及根部，在秋冬枝叶尚未枯萎时进行采集为宜；茎叶则在生长旺盛时季为宜；花类则在含苞待放或开放初期为宜；种子则以老熟的为宜；果实则以成熟的为宜；树皮则以生长旺盛、汁质最多时为宜。

植物性农药采收后，需立即晾干或晒干，绝不能让它发霉。待充分干燥后，可以贮藏在空气流通的干燥仓库中。土农药加工方法，从我国目前条件来看，以磨成细粉为宜，水浸、水煮及压榨等方法，只适合于随配随用，久贮就会失效。用有机溶剂来抽提其有效成分，当然很好，可以逐步向这个方向发展。

藜芦

【形态特征】株高可达1m，通常粗壮，基部的鞘枯死后残留为有网眼的黑色纤维网。叶椭圆形、宽卵状椭圆形或卵状披针形，薄革质，先端锐尖或渐尖，基部无柄或生于茎上部的具短柄。圆锥花序密生黑紫色花，雄性花和两性花同株；侧生总状花序近直立伸展，通常具雄花；顶生总状花序常较侧生花序长2倍以上，几乎全部着生两性花；总轴和枝轴密生白色绵状毛；小苞片披针形；花被片6，离生，花被片开展或在两性花中略反折，矩圆形，先端钝或浑圆，基部略收狭，全缘；内轮较外轮长而狭，宿存；雄蕊6，着生于花被片基部，长为花被片的一半花丝丝状；花药近肾形；子房上端稍微3裂，3室，每室有多数胚株；花柱3，较短，多少外弯，宿存，柱头小。蒴果椭圆形或卵圆形。花期5—6月,期果期7—9月。

【分布与生境】秦岭南北坡均有分布，生于海拔1200—3300m的山坡林下或草丛中。

【利用部位与用途】藜芦全株含藜芦碱，以根和根状茎含量较高。浸用时多以水煮液为主，可用于杀灭苍蝇、蚜虫、螟虫、黏虫、孑孓等。

【采收与加工】藜芦碱在空气中易挥发，因此要密闭贮藏。对高等动物有毒，防止误食。

【资源开发与保护】藜芦的根和根状茎亦入药。

狗尾草

Setaria viridis (L.) Beauv.
谷莠子、莠
禾本科 Gramineae 狗尾草属植物

【形态特征】一年生。根为须状，高大植株具支持根。秆直立或基部膝曲。叶鞘松弛；叶舌极短，缘有长 1—2mm 的纤毛；叶片扁平，长三角状狭披针形或线状披针形，先端长渐尖或渐尖，基部钝圆形，几呈截状或渐窄，边缘粗糙。圆锥花序紧密呈圆柱状或基部稍疏离，直立或稍弯垂，主轴被较长柔毛，通常绿色或褐黄到紫红或紫色；小穗 2—5 个簇生于主轴上或更多的小穗着生在短小枝上，椭圆形，先端钝，长 2—2.5mm，铅绿色；第一颖卵形、宽卵形，长约为小穗的 1/3，先端钝或稍尖，具 3 脉；第二颖几与小穗等长，椭圆形，具 5—7 脉；第一外稃与小穗第长，具 5—7 脉，先端钝，其内稃短小狭窄；第二外稃椭圆形，顶端钝，具细点状皱纹，边缘内卷，狭窄；鳞被楔形，顶端微凹；花柱基分离；叶上下表皮脉间均为微波纹或无波纹的、壁较薄的长细胞。颖果灰白色。花期 5—6 月，果期 8—10 月。

【分布与生境】秦岭南北坡普遍分布，生于低山或荒野。为农田主要杂草之一。

【利用部位与用途】小穗可提炼糠醛，全草加水煮沸 20 分钟后，滤出液可喷杀菜虫。

【采收与加工】春夏季收割全株，新鲜处理或阴干。

【资源开发与保护】狗尾草为田间常见杂草，全草含粗脂肪 2.6%、粗蛋白 10.27%、无氮浸出物 34.55%、粗纤维 34.40%、粗灰分 10.60%。秆、叶可作饲料，也可入药，治痈瘀、面癣。

Chelidonium majus L.
土黄连、断肠草、水黄草、小野人血草、雄黄草、见肿消
罂粟科 Papaveraceae 白屈菜属植物

白屈菜

【形态特征】多年生草本，高 30—60cm。主根粗壮，圆锥形，侧根多，暗褐色。茎聚伞状多分枝，分枝常被短柔毛，节上较密。基生叶少，早凋落，叶片倒卵状长圆形或宽倒卵形，羽状全裂，全裂片 2—4 对，倒卵状长圆形，具不规则的深裂或浅裂，裂片边缘圆齿状，表面绿色背面具白粉。伞形花序多花；花梗纤细，幼时被长柔毛，后变无毛；苞片小，卵形；萼片卵圆形，舟状，早落；花瓣倒卵形，全缘，黄色；雄蕊花丝丝状，黄色，花药长圆形；子房线形，绿色，花柱短，柱头 2 裂。蒴果狭圆柱形，具通常比果短的柄。种子卵形，暗褐色，具光泽及蜂窝状小格。花期 4—5 月，果期 5—7 月。

【分布与生境】秦岭南北均普遍分布，生于海拔 500—2000m 住宅附近的荒地、山坡凹处、路旁、水沟或石隙中。

【利用部位与用途】全草含多种生物碱，如白屈菜碱、白屈菜红碱、血根碱、小檗碱等，可用茎和叶防治害虫。全草粉末防治地蚤类害虫有特效，亦可作熏烟剂。

【采收与加工】开花期间采收地上部分，阴干或揉成粉末贮藏。

【资源开发与保护】白屈菜种子含油 40% 以上。全草入药，有毒，有镇痛、止咳、消肿、利尿、解毒之功效，治胃肠疼痛、痛经、黄疸、疥癣疮肿、蛇虫咬伤，外用消肿。

小果博落回

Macleaya microcarpa (Maxim.) Fedde
泡桐杆、黄婆娘、野麻子、吹火筒
罂粟科 Papaveraceae 博落回属

【形态特征】直立草本，基部木质化，具乳黄色浆汁。茎高0.8—1m，通常淡黄绿色，光滑，多白粉，中空，上部多分枝。叶片宽卵形或近圆形，先端急尖、钝或圆形，基部心形，通常7或9深裂或浅裂，裂片半圆形、扇形或其他，边缘波状、缺刻状、粗齿或多细齿，表面绿色，无毛，背面多白粉，被绒毛，基出脉通常5，侧脉1对，细脉网状。大型圆锥花序多花，生于茎和分枝顶端；萼片2，乳白色，舟状；花瓣无；雄蕊8—12，花丝丝状，极短，花药条形，子房倒卵形，花柱极短，柱头2裂。蒴果近圆形。种子1枚，卵珠形，基着，直立，种皮具孔状雕纹。花期6—7月，果期7—8月。

【分布与生境】秦岭南北极普遍分布，生于海拔2000m以下的低山河边、沟岸、路旁或石隙中。

【利用部位与用途】全株含延胡索素丙、类白屈菜碱、白屈菜碱、血根碱等。根、茎、叶可作杀虫药，可防治植物疫病、灭蚜作用。

【采收与加工】夏季采收全株，新鲜植株加水熬煮1小时，过滤后所得滤液，即可喷洒施用。

【资源开发与保护】小果博落回全草入药，有毒，不能内服，外用治一切恶疮及皮肤病。

Caltha palustris L.
蹄叶、马蹄草
毛茛科 Ranunculaceae 驴蹄草属植物

驴蹄草

【形态特征】多年生草本。茎高 20—48cm，粗 3—6mm，实心，具细纵沟，在中部或中部以上分枝。基生叶 3—7，有长柄；叶片圆形，圆肾形或心形，顶端圆形，基部深心形或基部二裂片互相覆压，边缘全部密生正三角形小牙齿。茎生叶通常向上逐渐变小。茎或分枝顶部有由 2 朵花组成的简单的单歧聚伞花序；苞片三角状心形，边缘生牙齿；萼片 5，黄色，倒卵形或狭倒卵形，顶端圆形；雄蕊长 4.5—7mm，花药长圆形，花丝狭线形；心皮 7—12，与雄蕊近等长，无柄，有短花柱。蓇葖果，具横脉。种子狭卵球形，长 1.5—2mm，黑色，有光泽。花期 5—8 月，果期 7—9 月。
【分布与生境】秦岭南北坡均有分布，生于海拔 1200—2000m 的沼泽流水沟边或山坡林下潮湿处，性抗寒，宜酸性土壤，也喜生于沼泽化腐殖土。
【利用部位与用途】全草含白头翁素和其他植物碱，有杀虫作用，有毒。
【采收与加工】用水浸水煮及捣烂取汁等方法，滤取汁液，喷洒使用。
【资源开发与保护】驴蹄草全草可供药用，有除风、散寒之效。

白头翁

Pulsatilla chinensis (Bunge) Regel

羊胡子花、老冠花、将军草、大碗花、老公花、老姑子花

毛茛科 Ranunculaceae 铁线莲属植物

【形态特征】多年生草木，全体被长柔毛，植株高 15—35cm。根状茎粗 0.8—1.5cm。基生叶 4—5，通常在开花时刚刚生出，有长柄；叶片宽卵形，三全裂，中全裂片有柄或近无柄，宽卵形，三深裂，中深裂片楔状倒卵形，少有狭楔形或倒梯形，全缘或有齿，侧深裂片不等二浅裂，侧全裂片无柄或近无柄，不等三深裂。花葶 1，有柔毛；苞片 3，基部合生成长 3—10mm 的筒，三深裂，深裂片线形，不分裂或上部三浅裂；花直立；萼片蓝紫色，背面有密柔毛；雄蕊长约为萼片之半。聚合果直径 9—12cm；瘦果纺锤形，扁，宿存花柱长 3.5—6.5cm，有向上斜展的长柔毛。花期 3—4 月，果期 4—5 月。

【分布与生境】秦岭南北坡普遍分布，生于海拔 400—1500m 的向阳山地干草坡上。性较耐干旱，喜阳光。

【利用部位与用途】白头翁全草可杀虫及防治植物病，效果较好。

【采收与加工】用水浸、水煮及捣烂取汁等方法，滤取汁液，喷洒使用。能防治地老虎、蚜虫、蝇蛆、孑孓，以及小麦锈病、马铃薯晚疫病等病虫害。

【资源开发与保护】白头翁根状茎药用，治热毒血痢、温疟、鼻衄、痔疮出血等症。

Anemone hupehensis Lem.
野棉花、山棉花
毛茛科 Ranunculaceae 银莲花属植物

打破碗花花

【形态特征】多年生草木。植株高达 1.2m，根状茎斜或垂直。基生叶具长柄；三出复叶，顶生小叶具长柄，卵形或宽卵形，具锯齿，侧生小叶较小。花葶疏被柔毛，聚伞花序二至三回分枝，花较多；萼片 5，紫红色，倒卵形；花药长圆形，心皮生于球形花托。瘦果具细柄，密被绵毛。花期 7—9 月，果期 10—11 月。

【分布与生境】秦岭南坡分布较广，北坡较少。生长于海拔 400—1500m 的低山或丘陵。

【利用部位与用途】全草用作土农药，水浸液可防治稻苞虫、负泥虫、稻螟、棉蚜、菜青虫、蝇蛆等，以及小麦叶锈病、小麦秆锈病等。

【资源开发与保护】本种与大火草极为相似，本种叶背面有稀疏的毛，而大火草叶背面密被白色绒毛。

苦参

Sophora flavescens Alt.
地槐
豆科 Leguminosae 槐属植物

【形态特征】草本或亚灌木，通常高 1m 左右。茎具纹棱。羽状复叶，小叶 6—12 对，互生或近对生，纸质，形状多变，椭圆形、卵形、披针形至披针状线形，先端钝或急尖，基部宽楔开或浅心形。中脉下面隆起。总状花序顶生；花多数；花萼钟状，明显歪斜，具不明显波状齿，完全发育后近截平；花冠比花萼长 1 倍，白色或淡黄白色，旗瓣倒卵状匙形，翼瓣单侧生，强烈皱褶几达瓣片的顶部，柄与瓣片近等长，龙骨瓣与翼瓣相似，稍宽，雄蕊 10，分离或近基部稍连合；子房近无柄，花柱稍弯曲，胚珠多数。荚果长 5—10cm，种子间稍缢缩，呈不明显串珠状，稍四棱形，成熟后开裂成 4 瓣，有种子 1—5 粒；种子长卵形，稍压扁，深红褐色或紫褐色。花期 5—6 月，果期 7—8 月。

【分布与生境】秦岭南北坡均有分布，生于海拔 600—1600mm 的山谷、山坡的谷坡、地埂、草丛或沙地上。

【利用部位与用途】根含苦参碱和金雀花碱等，根、茎、叶种子皆有杀虫作用，也可防治植物疾病。苦参尚具有良好的湿润及展布作用，故也可做辅助剂用。

【采收与加工】以春秋两季采收为宜，将根挖出，去掉残茎及须根，用水洗净，切成薄片晒干，用席、麻袋等包装，贮藏于通风干燥处。

【资源开发与保护】苦参根亦入药，具有清热利湿、抗菌消炎、健胃驱虫之效，常用作治疗皮肤瘙痒、神经衰弱、消化不良及便秘等症；茎皮纤维可织麻袋等。

马桑

【形态特征】灌木，水平开展。叶对生，纸质至薄革质，椭圆形，全缘，基出 3 脉。总状花序生于二年生的枝条上，花瓣肉质，龙骨状。雄花序先叶开放，多花密集；萼片卵形，边缘半透明，上部具流苏状细齿；雄蕊 10，花丝花时伸长；存在不育雌蕊。雌花序与叶同出；心皮 5，耳形，柱头上部外弯，紫红色。果球形，果期花瓣肉质增大包于果外，成熟时由红色变紫黑色。花期 3—4 月，果期 5—6 月。

【分布与生境】秦岭南坡有分布，生于海拔 400—1300m 山坡灌丛及沟边。

【利用部位与用途】马桑叶、果都能杀虫和防治植病，但以果的毒效最佳。常用的几种配制方法和防治对象如下：①将马桑的鲜叶和种子切碎弄细搅匀后，取 1kg，加水 4—5kg，浸泡过小，喷洒，防治棉虫牙和红蜘蛛，其杀虫率为 100%；②将马桑叶晒干磨成细粉，每亩撒粉 20kg，对防治水稻负泥虫、稻螟和稻螟蛉有效；③将叶晒干，磨成粉末，以 2.5—5kg 放入 10 担粪内，3 小时后蝇阻即死亡，并可维持药效 15—25 天，杀灭和田内的孑孓，效果也良好；④在清明前后，叶子长到 3cm 长时即可采摘，晒干，碾成细粉，在早晨露水未干前把粉末撒于水稻上，防治水稻负泥虫，杀虫率达 100%；对稻螟效果也很好；⑤将捣烂的 1kg 马桑子加清水 lkg，浸泡 48 小时后过滤，即得原液；使用时每 kg 原液加水 20kg 喷洒，对大田防治水稻螟虫，杀虫率达 90%；⑥马桑叶 20kg，加水 80kg，煮 1 小时后，过滤，用浸出液喷洒；每亩用 15—20kg 浸出液，防治红蜘蛛，杀虫率在 90% 以上；⑦马桑叶粉的 30 倍水浸液对马铃薯晚疫病孢子发芽的抑制效果达 98.4%；30 倍水煮液对棉苗轮纹斑病菌及顶枯病菌孢子的发芽抑制效果分别为 97.8% 和 89.6%。

【资源开发与保护】马桑果可提酒精，作为工业用，但不可饮用。种子榨油可作油漆和油墨。茎叶可提栲胶。

泽漆

Euphorbia helioscopia L.
五朵云、五凤草、乳浆草
大戟科 Euphorbiaceae 大戟属

【形态特征】一年生草本。茎直立，单一或自基部多分枝，分枝斜展向上。叶互生，倒卵形或匙形，先端具牙齿，中部以下渐狭或呈楔形；总苞叶5枚，倒卵状长圆形，先端具牙齿，基部略渐狭，无柄；总伞幅5枚；苞叶2枚，卵圆形，先端具牙齿，基部呈圆形。杯状聚伞花序单生，有柄或近无柄；总苞钟状，边缘5裂，裂片半圆形，边缘和内侧具柔毛；腺体4，盘状，中部内凹，基部具短柄，淡褐色。雄花数枚，明显伸出总苞外；雌花1枚，子房柄略伸出总苞边缘。蒴果三棱状阔圆形，光滑，具明显的三纵沟；成熟时分裂为3个分果爿。种子卵状，暗褐色，具明显的脊网；种阜扁平状，无柄。花期4—5月，果期5—8月。

【分布与生境】秦岭南北坡普遍分布，生于山沟、路旁、荒野和山坡。

【利用部位与用途】泽漆含大戟乳脂、泽漆毒素等，其茎、叶均有杀虫作用，同时还可防治植物疾病。

【采收与加工】应用时，多煮成水剂或磨成细粉作水悬液使用。新鲜泽漆乳汁毒性很大，触到眼睛可失明，也不能接触口腔黏膜，以防中毒。

【资源开发与保护】全草入药，有清热、祛痰、利尿消肿及杀虫之效；种子含油量达30%，可供工业用。

苦树

【形态特征】落叶乔木，高达10余米；树皮紫褐色，平滑，有灰色斑纹，全株有苦味。叶互生，奇数羽状复叶，小叶9—15，卵状披针形或广卵形，边缘具不整齐的粗锯齿，先端渐尖，基部楔形，除顶生叶外，其余小叶基部均不对称；落叶后留有明显的半圆形或圆形叶痕。花雌雄异株，组成腋生复聚伞花序，萼片小，通常5，卵形或长卵形，覆瓦状排列；花瓣与萼片同数，卵形或阔卵形；雄花中雄蕊长为花瓣的2倍，与萼片对生，雌花中雄蕊短于花瓣；花盘4—5裂；心皮2—5，分离，每心皮有1胚珠。核果成熟后蓝绿色，种皮薄，萼宿存。花期4—5月，果期6—9月。

【分布与生境】秦岭南北坡均有分布，生于海拔500—1500mm的山谷、山坡灌丛中和杂木林中。

【利用部位与用途】茎含苦楝树苷与苦木胺，皮含苦素。茎皮、根皮皆苦，有毒。将茎皮和根皮磨后，配制防治孑孓、马铃薯晚疫病、蚜虫、红蜘蛛等。

【采收与加工】冬春季时根皮、茎皮厚，可进行采取去掉泥土，置阳光下晒干备用。

【资源开发与保护】苦树根皮也可供药用，能泻湿热，杀虫治疥。

牛膝

Achyranthes bidentata Blume
怀牛膝
苋科 Amaranthaceae 牛膝属植物

【形态特征】多年生草本，高 70—120cm；茎有棱角或四方形，绿色或带紫色，分枝对生。叶片椭圆形或椭圆披针形，基部楔形或宽楔形，两面有贴生或开展柔毛。穗状花序顶生及腋生，在花期直立，花期后反折；花两性，单生在干膜质宿存苞片基部密生，并有 2 小苞片，小苞片有 1 长刺，基部加厚，两旁各有 1 短膜质翅；花被片 4—5，干膜质，顶端芒尖，花后变硬，包裹果实；雄蕊 5，少数 4 或 2，远短于花被片，花丝基部连合成一短杯，和 5 短退化雄蕊互生，花药 2 室；子房长椭圆形，1 室，具 1 胚珠，花柱丝状，宿存，柱头头状。胞果卵状矩圆形、卵形或近球形，有 1 种子，和花被片及小苞片同脱落。种子矩圆形，凸镜状，黄褐色。花期 7—9 月，果期 9—10 月。

【分布与生境】秦岭南北均有分布，生于海拔 500—1300m 的山区阴湿水沟边、路旁或河岸。

【利用部位与用途】牛膝含牛膝皂素。可防治棉蚜虫、猿叶虫和螟虫，并对马铃薯晚疫病具有显著的抑制作用。

【采收与加工】秋季采收全株，晒干，扎成小把，放于通风干燥处贮藏。

【资源开发与保护】牛膝根入药，生用，活血通经，治产后腹痛、月经不调、闭经、鼻衄、虚火牙痛、脚气水肿；熟用，补肝肾，强腰膝，治腰膝酸痛、肝肾亏虚、跌打瘀痛。兽医用治牛软脚症、跌伤断骨等。

Stellera chamaejasme Linn.
断肠草、拔萝卜、燕子花、馒头花
瑞香科 Thymelaeaceae 狼毒属植物

狼毒

【形态特征】多年生草本，高 20—50cm；根茎木质，粗壮，圆柱形，表面棕色，内面淡黄色；茎直立，丛生，不分枝，纤细，绿色，有时带紫色，基部木质化，有时具棕色鳞片。叶散生，稀对生或近轮生，薄纸质，披针形或长圆状披针形，先端渐尖或急尖，稀钝形，基部圆形至钝形或楔形，边缘全缘，不反卷或微反卷，中脉在上面扁平，下面隆起，侧脉 4—6 对，第 2 对直伸直达叶片的 2/3，两面均明显；叶柄短，基部具关节，上面扁平或微具浅沟。花白色、黄色至带紫色，芳香，多花的头状花序，顶生，圆球形；具绿色叶状总苞片；无花梗；花萼筒细瘦，长 9—11mm，具明显纵脉，基部略膨大，裂片 5，卵状长圆形，顶端圆形，常具紫红色的网状脉纹；雄蕊 10，2 轮，下轮着生花萼筒的中部以上，上轮着生于花萼筒的喉部，花药微伸出，花丝极短，花药黄色；花盘一侧发达，线形，顶端微 2 裂；子房椭圆形，直径 1.2mm，花柱短，柱头头状。果实圆锥形，为宿存的花萼筒所包围。花期 4—6 月，果期 7—9 月。

【分布与生境】秦岭南北均有分布，生于海拔 1200—2900m 的干燥而向阳的高山草坡、草坪或河滩等地。

【利用部位与用途】狼毒毒性较大，可防治地下害虫、菜青虫、蚜虫等。对小麦秆锈病夏孢子具有明显的抑制作用。

【采收与加工】采收全株，晒干碾成细粉，深翻土地时放入沟内，可防治地下害虫。加水浸泡揉搓，过滤喷洒，可防治菜青虫、蚜虫等。干粉水煮液对秆锈病夏孢子具有明显的抑制作用。

【资源开发与保护】狼毒根入药，有祛痰、消积、止痛之功效，外敷可治疥癣。根还可提取工业用酒精，根及茎皮可造纸。

曼陀罗

Datura stramonium Linn.
枫茄花、洋金花、喇叭花、闹羊花
茄科 Solanaceae 曼陀罗属植物

【形态特征】一年生草本或半灌木状，高 0.5—1.5m，全体近于平滑或在幼嫩部分被短柔毛。茎粗壮，圆柱状，淡绿色或带紫色，下部木质化。叶广卵形，顶端渐尖，基部不对称楔形，边缘有不规则波状浅裂，裂片顶端急尖，有时亦有波状牙齿，侧脉每边 3—5 条，直达裂片顶端。花单生于枝杈间或叶腋，直立，有短梗；花萼筒状，长 4—5cm，筒部有 5 棱角，两棱间稍向内陷，基部稍膨大，顶端紧围花冠筒，5 浅裂，裂片三角形，花后自近基部断裂，宿存部分随果实而增大并向外反折；花冠漏斗状，下半部带绿色，上部白色或淡紫色，檐部 5 浅裂，裂片有短尖头，长 6—10cm，檐部直径 3—5cm；雄蕊不伸出花冠；子房密生柔针毛，花柱长约 6cm。蒴果直立生，卵状，表面生有坚硬针刺或有时无刺而近平滑，成熟后淡黄色，规则 4 瓣裂。种子卵圆形，稍扁，长约 4mm，黑色。花期 6—10 月，果期 7—11 月。

【分布与生境】秦岭南北均有野生或栽培，常生于向阳的山坡草地、路旁或住宅旁。

【利用部位与用途】茎、叶、花和果实都含有杀虫成分莨菪碱和东莨菪碱，其中以花含量最高，用时多以水煮或水浸液为主，对稻螟、蚜虫、红蜘蛛等具有较好杀亡作用。另外对马铃薯晚疫病菌孢子、小麦秆锈病及叶锈病孢子具有明显的抑制作用。

【采收与加工】开花前采叶，开花时早晨采花，用绳穿好阴干即可。

【资源开发与保护】曼陀罗全株有毒，可药用，有镇痉、镇静、镇痛、麻醉的功能。种子油可制肥皂和掺和油漆用。

硬橡胶植物

硬橡胶或称杜仲胶，与橡胶的分子式相同，也是一类不饱和的碳氢化合物，属于异戊二烯的多聚物，但其结构形式与橡胶不同。经 X 射线衍射分析，证明其分子的恒等周期是 4.8Å，为反式异构物，硬橡胶的比重为 0.935—0.955。常温下为无色固体，相对分子质量为 23 000—32 000。它的化学性质与橡胶相似，但物理性质差异非常大。纯硬橡胶弹性比橡胶弱得多，在空气中也容易被氧化而变得脆硬。加热至 50℃时，其可塑性与黏性增大；在 50—90℃时，利用它的可塑性可加工成各种物品；加热至 130—150℃时，它就变成了流动的液体。

硬橡胶有很高的绝缘性能与极小的吸温性，是制作海底电线、电缆及其他防电、防磁物品的良好涂料或包裹材料。

杜仲科、菊科和卫矛科的部分种类硬橡胶含量较高。

杜仲

【形态特征】落叶乔木，高达20m，胸径约50cm；树皮灰褐色，粗糙，内含橡胶，折断拉开有多数细丝。嫩枝有黄褐色毛，老枝有明显的皮孔。芽体卵圆形，红褐色，有鳞片6—8片。叶椭圆形、卵形或矩圆形，薄革质；基部圆形或阔楔形，先端渐尖；侧脉6—9对，与网脉在上面下陷，在下面稍突起；边缘有锯齿。花雌雄异株，无花被，先叶开放，或与新叶同时从鳞芽长出。雄花簇生，有短柄，具小苞片；雄蕊5—10个，线形，花丝极短，花药4室，纵裂。雌花单生于小枝下部，有苞片，具短花梗，子房1室，由合生心皮组成，有子房柄，扁平，顶端2裂，柱头位于裂口内侧，先端反折，胚珠2个，并立、倒生，下垂。翅果扁平，不开裂，长椭圆形的翅果先端2裂，基部楔形，周围具薄翅；坚果位于中央，稍突起。种子扁平，线形，两端圆形。花期4—5月，果期9—10月。

【分布与生境】秦岭南北坡均有分布，生于海拔400—1500m的川地或山地。对土壤的选择并不严格，在瘠薄的红土或岩石峭壁均能生长。

【利用部位与用途】杜仲地上部分均含有杜仲胶，其含胶量因植物的部位和年龄而有所不同：陈杜仲皮(干)20%，厚杜仲皮14.32%，薄杜仲皮11.40%；果(干的未去仁)12.10%；嫩枝(干的，4月初生)4.67%，嫩叶(干的，4月初生)4%—6%；老细枝皮(干)10%；鲜叶约2.25%，果实(果皮特多)约27.34%，树皮3%。杜仲所产的硬橡胶(非弹性橡胶)，绝缘性能优异，吸水性极小，是制造海底电缆的重要材料；耐酸、耐碱、油及化学试剂的腐蚀，适于制造各种耐酸碱容器的衬里，特别是氢氟酸的容器，耐油和输油胶管的材料；对人的齿髓无刺激性，亦可用于补牙；杜仲胶溶液黏着性强，是制造黏着剂的重要材料之一。

【采收与加工】采集树皮、叶或种子，经过筛析、洗涤、加碱蒸煮、球磨、离心分离、干燥等过程提取杜仲胶。

【资源开发与保护】杜仲树皮药用，作为强壮剂及降血压，并能治腰膝痛、风湿及习惯性流产等；种子含油率达27%；木材供建筑及制家具。

卫矛

Euonymus alatus (Thunb.) Sieb.
鬼箭羽、巴木
卫矛科 Celastraceae 卫矛属植物

【形态特征】灌木，高 1—3m；小枝常具 2—4 列宽阔木栓翅；冬芽圆形，芽鳞边缘具不整齐细坚齿。叶对生，卵状椭圆形、窄长椭圆形，偶为倒卵形，边缘具细锯齿，两面光滑无毛。聚伞花序，花两性，较小，花白绿色，4 数；萼片半圆形；花瓣近圆形；雄蕊着生花盘边缘处，花丝极短，开花后稍增长，花药宽阔长方形，2 室顶裂。子房半沉于花盘内，4 室；蒴果 1—4 深裂，裂瓣椭圆状，长 7—8mm；种子椭圆状或阔椭圆状，长 5—6mm，种皮褐色或浅棕色，假种皮橙红色，全包种子。花期 5—6 月，果期 9—10 月。

【分布与生境】秦岭南北坡普遍分布，生于海拔 1800m 以下山坡或山谷丛林中。

【利用部位与用途】卫矛茎皮和根皮所产的橡胶属硬橡胶，根皮含硬橡胶 4.5%，树脂 14.9%。用途与杜仲相同。

【采收与加工】五六月间用人工把根挖掘出来，放在阴凉地方，3—4 小时内进行剥皮，剥皮是把根砍一个 10—15cm 的长形裂口，同时用木棒打击，和用刀将皮和木质部分离。为便于用于剥皮，可把根装入铁罐中，加水将植物根完全淹没，然后煮沸，当皮开始脱离木质部时即可。亦可采用在纤维工业上所采用的机械剥皮法，把剥下的皮在空气中干燥，并且按每 15—25kg 的重量包装成捆。为了清除皮中的土、砂子以及石块和其他混合物，在梯形的木槽或在连续作用的网状鼓式洗涤机里，把皮洗涤，以后将皮进行发酵，为了加速发酵过程，就必须使洗涤皮的水分达 50%—55%，并在室温下浸渍 20 分钟。

【资源开发与保护】卫矛茎皮和叶含鞣质，可提栲胶。茎皮可用来造纸，纤维又可搓绳。带栓翅的枝条入中药，叫鬼箭羽。种子可榨油。

白杜

【形态特征】小乔木，高达 6m。叶对生，叶卵状椭圆形、卵圆形或窄椭圆形，先端长渐尖，基部阔楔形或近圆形，边缘具细锯齿，有时极深而锐利；叶柄通常细长，常为叶片的 1/4—1/3。聚伞花序 3 至多花，花序梗略扁；花 4 数，淡白绿色或黄绿色；雄蕊花药紫红色，花丝细长。蒴果倒圆心状，4 浅裂，成熟后果皮粉红色；种子长椭圆状，长 5—6mm，直径约 4mm，种皮棕黄色，假种皮橙红色，全包种子，成熟后顶端常有小口。花期 5—6 月，果期 8—9 月。

【分布与生境】秦岭地区多栽培。

【利用部位与用途】白杜茎皮和根皮可提制硬橡胶，树皮含硬橡胶 10%—16%。用途与杜仲相同。

【采收与加工】5—6 月剥取树皮，树皮在空气中干燥，并且按每 15—25kg 的重量包装成捆。先经过天然发酵，或加 5% 碱（NaOH）蒸煮，用球磨加水研磨，将浮于表面的胶取出，经过浮选，并通过精浆机磨碎精选，再用离心机去水，真空烘干，并通过压滤机除去渣，用炼胶机压片，加入防老剂，即得片状橡胶，贮于阴暗、温度 15—20℃处为宜。另一加工制造方法是用溶剂浸提，此种方法能制得纯度较高的橡胶，但因消耗溶剂多，成本较高。

【资源开发与保护】白杜木材细密，稍硬，少开裂，可制器具及细工雕刻用。叶可代茶叶用。种子油供制肥皂、润滑油用。

树脂及树胶类植物

树脂是植物体内含有的一种肢体状物质，它常存在于某些植物的根、茎、叶、果实和种子的树脂细胞、树脂道、乳管、瘤及其他储藏器官中。含这类树脂的植物或植物的某个部分，在经受人为或自然机械损伤后，便会从体内分泌出来。

树脂从植物体内刚分泌出来的时候多呈流质胶体，颜色较淡，在与日光和空气接触之后，便逐渐固化，形成透明或半透明的不规则块状物；干后质地坚硬，容易脆破，颜色变浑，呈淡黄色、深黄色、棕色或褐黑色。树脂中含有较多芳香油的称作香树脂，香树脂与日光和空气接触，不变成固体，只呈半固体状黏稠胶体状态，入地多年以后，则会成为琥珀。

树脂是一类由高分子化合物组成的复杂混合体，多带苦味，有芳香气；一般不能随水蒸气挥发，受热时变软，呈胶状黏稠液；燃烧时会产生浓烟和火焰；它完全不溶于水，也不溶于稀酸，但能溶于碱溶液及乙醚、苯、石油醚、丙酮、氯仿和二氯甲皖等有机溶剂。

树脂在冷硫酸中可被溶化，但不会被分解，当浓硫酸被稀释后，又能析出树脂。如果树脂与浓硫酸一同共热时，会产生变化，放出二氧化硫。树脂在浓硝酸中则易产生剧烈反应，生成黄色非结晶体的硝基化物。不同的树脂与硝酸共热，可以生成苦味酸、对苯二甲酸、间苯二甲酸、草酸和其他物质。

树脂与碱液共热，会使树脂中的脂类经碱化，生成树脂酸和树脂醇，有时也可以产生一些芳香酸类，如苯甲酸、桂酸、伞形酸、阿魏酸等，也可产生间苯二酣及间苯三酣等类化合物。

树脂及树胶是重要的工业原料。其中，松脂是松科植物分泌的树脂，它是由松科植物的分泌道产生的，是一类重要工业原料，它可以加工制造松香和松节油，在轻重工业中均有广泛的用途。松香在造纸工业中，可作为胶料和耐水剂，能使纸张遇水不松，质地坚韧；在肥皂工业中，可增加肥皂的泡沫性和去垢能力；在造漆工业中，用以制造干燥剂、溶剂、柔软剂和人造干性油；在电器工业中，用以制造绝缘材料、制电缆填充剂；在橡胶工业中作为软化剂，可增加橡胶的弹性；此外，在国防工业、水泥工业、火柴工业、酿造工业、塑料工业、文教用品工业等，均需采用松香作原料。同时，松香在催化剂的存在下加热裂化，尚可制得热值和辛烷值均较高的液体燃料。松节油则是一种重要的溶剂，广泛用于造漆工业、皮革工业以及其他需用溶剂的工业等。松节油还用于印染工业，作媒染剂用；松节油也是制造人造樟脑、人造薄荷脑以及其他人造香料和制药工业的原料，亦可直接用作医药品，可作皮肤兴奋剂、抗毒剂、内服驱虫剂、利尿剂、祛痰剂等用，此外，还可当作液体燃料。

生漆采自漆树，是一种含酶树脂，也是一种很好的涂料，有很优良的耐酸性、耐水性、耐油性和耐热性，电的绝缘性也很好，广泛用于房屋建筑、木制器具、船舶、机械设备等的涂刷，向为我国人民所喜用。近来又利用生漆加工试制了化工设备的防腐涂料，防腐性能远远超过其他的油漆类，有很大的发展前途。

在树脂类中，除了上述的松脂和生漆外，秦岭尚有枫香树等可以利用，而这些树脂产品在香料、医药等工业上都很需要。

树胶的理化性质也同树脂一样的复杂，各种树胶的成分和性质也是不同的，但从化学性质来说，树胶均属于多糖类的物质，而一切树胶均由可溶性部分和不溶性部分所组成。可溶性部分叫阿拉伯树胶素，不溶性部分叫黄菁胶素。有时树胶含黄菁胶素多些，有些则含阿拉伯树胶素多些，含量比例各不相同。树胶类的种类也可根据这二部分的不同含量等而分为：

(1) 几乎完全溶解于水的真正树胶，如阿拉伯树胶等；

(2) 部分溶解于水的真正树胶，如樱桃胶、桃胶等；

(3) 混合树胶，如黄蓍胶等；

(4) 其他树胶，如含睬质的树胶等。

树胶能与水结合成胶体溶液，这种溶液乃随着树胶浓度的不同而具有不同的黏度。不溶于水的部分，即黄蓍胶素，在吸取水分后则能膨胀，如黄蓍胶能吸取 50—80，甚至 100 容积的水分，因而它在工业用途上有特殊的价值。

在树胶类中，阿拉伯树胶的主要成分是阿拉伯树胶酸，其中一部分还有钙、镁、钾等盐类物质，水解后能生成半乳糖、阿拉伯糖、鼠李糖和葡萄糖醛酸，溶解于加倍的水中，则形成淡黄色、透明、无味、呈弱酸性反应液体，加碘不变蓝色。黄蓍树胶中，以黄蓍树胶类占大部分，其他为阿拉伯树胶素，水解生成阿拉伯糖、木糖、半乳糖醛酸等。樱桃胶经水解后生成阿拉伯糖、半乳糖、半乳糖蓍酸等。李树和杏树的树胶与樱桃胶完全相近。此外，苏联曾从胡颓子中提取胡颓子胶，作为进口黄蓍胶的代用品，其物理特性几乎与黄蓍胶相同，而在某些指标上甚至超过黄蓍胶。但在化学成分上还很少研究。秦岭有不少野生植物体中亦含有树胶，当地农民曾采集作为黏合剂等。

Pinus tabuliformis Carr.
赤松、短叶松、短叶马尾松
松科 Pinaceae 松属植物

油松

【形态特征】乔木，高达 25m；树皮灰褐色或褐灰色，裂成不规则较厚的鳞状块片，裂缝及上部树皮红褐色；枝平展或向下斜展，老树树冠平顶，小枝较粗，褐黄色。针叶 2 针一束，深绿色，粗硬，边缘有细锯齿，两面具气孔线。雄球花圆柱形，在新枝下部聚生成穗状。球果卵形或圆卵形，有短梗，向下弯垂，成熟前绿色，熟时淡黄色或淡褐黄色，常宿存树上近数年之久；中部种鳞近矩圆状倒卵形，鳞盾肥厚、隆起或微隆起，扁菱形或菱状多角形，鳞脐凸起有尖刺；种子卵圆形或长卵圆形，淡褐色有斑纹；子叶 8—12 枚。花期 4—5 月，球果第二年 10 月成熟。

【分布与生境】秦岭南北坡均有分布，生于海拔 1000—2200m 山坡。为喜光、深根性树种，喜干冷气候，在土层深厚、排水良好的酸性、中性或钙质黄土上均能生长良好。

【利用部位与理化性质】油松的树干可割取松脂，是秦岭地区松香和松节油的主要来源之一。针叶含芳香油量为 0.50%，其主要化学组成为 α – 蒎烯、β – 蒎烯、月桂蔚烯、柠檬烯、乙酸龙脑酯等。

【采收与加工】松脂的采收，一种方法是从活的松树上采割，而另一种方法则用溶剂从松根浸提。从松根浸提的方法，目前我国正在开始，而从活的松树采割松脂，在秦岭松树产区均已进行。采割松脂的方法有新旧两种：下降法和上升法，均属新法来脂，其中尤以下降法采脂最为先进。

【资源开发与保护】油松为我国特有树种。其心材淡黄红褐色，边材淡黄白色，纹理直，结构较细密一，材质较硬，比重 0.4—0.54，富树脂，耐久用。可供建筑、电杆、矿柱、造船、器具、家具及木纤维工业等用材。松节、松针（即针叶）、花粉均供药用。

日本落叶松

Larix kaempferi (Lamb.) Carr.
落叶松、富士松
松科 Pinaceae 落叶松属植物。

【形态特征】乔木，高达30m；树皮暗褐色；枝平展，树冠塔形；短枝上历年叶枕形成的环痕特别明显；冬芽紫褐色，顶芽近球形。叶倒披针状条形先端微尖或钝，上面稍平，下面中脉隆起，两面均有气孔线，尤以下面多而明显，通常5—8条。雄球花淡褐黄色，卵圆形，长6—8mm，径约5mm；雌球花紫红色，苞鳞反曲，有白粉。球果卵圆形或圆柱状卵形，熟时黄褐色，种鳞46—65枚，上部边缘波状，显著地向外反曲；种子倒卵圆形。花期4—5月，球果10月成熟。

【分布与生境】秦岭南北坡均有引种栽培，长势良好。

【利用部位与理化性质】树干可采割松脂，提炼松香和松节油。

【采收处理】日本落叶松的的松脂主要存在于皮脂囊中和木质部树脂道内。采脂时，于树干离地面30cm高处，斜向下、斜向上钻一直径3cm粗的圆孔，深达树干的中心。将孔中木屑掏出后，以小木塞塞住孔口。由脂囊分泌出来的松脂，渐渐充满孔洞，每年秋于收脂一次。约得脂100—130g，若为向上钻的孔，可在洞下方安装受器承受树脂，每10天收脂1次。收脂后，用木塞塞住孔口，以备下次（或来年）再进行收脂。

【资源开发与保护】日本落叶松原产日本。20世纪飞播造林时，在秦岭地区进行大面积播种，现已成林，长势良好，可进行开发利用。

Liquidambar formosana Hance
三角枫、香枫、鸡爪枫、路路通
金缕梅科 Hamamelidaceae 枫香树属植物

枫香树

【形态特征】落叶乔木，高达30m，树皮灰褐色，方块状剥落；叶薄革质，阔卵形，掌状3裂，中央裂片较长，先端尾状渐尖；两侧裂片平展；基部心形；上面绿色，干后灰绿色，不发亮；掌状脉3—5条，在上下两面均显著，网脉明显可见；边缘有锯齿，齿尖有腺状突。雄性短穗状花序常多个排成总状，雄蕊多数，花丝不等长，花药比花丝略短。雌性头状花序有花24—43朵；萼齿4—7个，针形，子房下半部藏在头状花序轴内，上半部游离，花柱先端常卷曲。头状果序圆球形，木质；蒴果下半部藏于花序轴内，有宿存花柱及针刺状萼齿。种子多数，褐色，多角形或有窄翅。花期4—5月，果期10月。

【分布与生境】产于秦岭南坡，常生于海拔400—1500m的山坡林内。喜温暖湿润气候，性喜光，幼树稍耐阴，耐干旱瘠薄土壤，不耐水涝。多生于平地、村落附近，及低山的次生林。在湿润肥沃而深厚的红黄壤土上生长良好。

【利用部位与理化性质】叶子和种子可提芳香油。树干内渗出的液体为香胶或枫脂，可供香料用或药用。枫香树脂含精油10%—12%，其主要化学成分为甲酸乙酯、4-甲基乙醇、莰烯、樟脑、龙脑、松油醇、柠檬烯、对伞花烃等。其叶含精油，化学组成有 β-侧柏烯、（Z）-3-己烯醇、α-异松油烯和 γ-依兰油烯等。

【采收与加工】叶子5—8月采收，树脂于夏秋季割取。枫香精油的提取常采用水蒸气蒸馏法。

【资源开发与保护】木材稍坚硬，可制家具及贵重商品的装箱。树脂供药用，能解毒止痛、止血生肌；根、叶及果实亦入药，有祛风除湿、通络活血功效。枫香树在中国可在园林中栽作庭荫树，可于草地孤植、丛植，或于山坡、池畔与其他树木混植。又因枫香具有较强的耐火性和对有毒气体的抗性，可用于厂矿区绿化。

桃

Amygdalus persica L.
毛桃、野桃、白桃
蔷薇科 Rosaceae 桃属植物

【形态特征】乔木，高 3—8m；树冠宽广而平展；树皮暗红褐色，老时粗糙呈鳞片状；小枝细长，有光泽，绿色，向阳处转变成红色，具大量小皮孔；冬芽圆锥形，顶端钝，外被短柔毛，常 2—3 个簇生，中间为叶芽，两侧为花芽。叶片长圆披针形、椭圆披针形或倒卵状披针形，先端渐尖，基部宽楔形，叶边具细锯齿或粗锯齿，齿端具腺体或无腺体。花单生，先于叶开放，直径 2.5—3.5cm；花梗极短或几无梗；萼筒钟形，绿色而具红色斑点；萼片卵形至长圆形，顶端圆钝；花瓣长圆状椭圆形至宽倒卵形，粉红色；雄蕊 20—30，花药绯红色；花柱几与雄蕊等长或稍短；子房被短柔毛。果实形状和大小均有变异，卵形、宽椭圆形或扁圆形，腹缝明显，果梗短而深入果洼；果肉白色、浅绿白色、黄色、橙黄色或红色，多汁有香味，甜或酸甜；核大，离核或黏核，椭圆形或近圆形，两侧扁平。花期 3—4 月，果实成熟期因品种而异，通常为 8—9 月。

【分布与生境】秦岭地区多栽培。

【利用部位与理化性质】桃树干能分泌胶质，可用作黏合剂或赋形剂等，可食用，亦可药用。桃胶呈淡红色或淡黄色至黄褐色，为半透明固体块状，外表平滑，易溶于水，水溶液呈黏性，为多糖类物质，主要含阿拉伯胶糖、半乳糖、木蜜糖、鼠李糖、葡萄糖醛酸等。加工水解能生成单糖。

【采收与加工】桃生长季节，收集树干分泌的胶质，晒干，拣去树叶、树皮等杂质，即为桃胶。产品应贮存在干燥通风处，防止受潮发霉。

【资源开发与保护】桃果实为春夏季主要的水果，可生食，也可制果脯。桃仁含油量量 45%，可榨油或药用。

漆

Toxicodendron vernicifluum (Stokes) F. A. Barkl.
漆树、干漆、大木漆、小木漆、山漆
漆树科 Anacardiaceae 漆属植物

【形态特征】落叶乔木，高达20m。树皮灰白色，粗糙，呈不规则纵裂，具圆形或心形的大叶痕和突起的皮孔；奇数羽状复叶互生，常螺旋状排列，有小叶4—6对；叶柄近基部膨大，半圆形，上面平；小叶膜质至薄纸质，全缘。圆锥花序，与叶近等长，被灰黄色微柔毛；花黄绿色，雄花花梗纤细，雌花花梗短粗；果序多少下垂，核果肾形或椭圆形，略压扁，先端锐尖，基部截形，外果皮黄色，具光泽，成熟后不裂，中果皮蜡质，具树脂道条纹，果核棕色，与果同形，坚硬；花期5—6月，果期7—10月。

【分布与生境】秦岭南北坡均分布，生于海拔770—1640m山坡杂木林内。性喜湿润肥沃土壤。

【利用部位与理化性质】漆韧皮部能产生生漆，漆是一种优良的防腐、防锈的涂料，有不易氧化、耐酸、耐醇和耐高温的性能，用于涂漆建筑物、家具、电线、广播器材等。生漆的主要成分为漆酚，含量为40%—70%，高时可达80%左右，此外，含水分20%—40%、胶质10%左右、含氮物质10%左右。

【采收与加工】漆树生长5—6年或树干直径达到15cm左右便可开割取漆，割的部位以树干为主，在干或枝上切若干斜形而彼此平衡的小槽，树皮开割后便有乳白色的液汁流出，流出的液汁可用竹筒或蚌壳之类的东西盛接，剖开后可接液汁一星期。每年可剖6—7次，一棵漆树割了几年之后，便需停割数年使伤口愈合后再割。割漆最好在夏季伏天进行，因春天汁液含水很多，出漆质量不佳。割时候最好选在清早。

【资源开发与保护】漆种子油可制油墨、肥皂。果皮可取蜡，作蜡烛、蜡纸。叶可提制栲胶。叶、根可作土农药。木材供建筑用。干漆在中药上有通经、驱虫、镇咳的功效。

中华猕猴桃

Actinidia chinensis Planch.

阳桃、羊桃、羊桃藤、藤梨、猕猴桃

猕猴桃科 Actinidiaceae 猕猴桃属植物

【形态特征】大型落叶藤本，幼枝及叶柄密生灰棕色柔毛，老枝无毛；髓大，白色，片状。叶片纸质，圆形，卵圆形或倒卵形，长 5—17cm，顶端突尖、微凹或平截，边缘有刺毛状齿，上面仅叶脉有疏毛，下面密生灰棕色星状绒毛。花开时白色，后变黄色；花被 5 数，萼片及花柄有淡棕色绒毛；雄蕊多数；花柱丝状，多数。浆果卵圆形或矩圆形，密生棕色长毛，8—10 月成熟。花期 4—6 月，果期 8—10 月。

【分布与生境】秦岭南北坡均分布，生于海拔 700—2200m 山坡、林缘或灌丛中。在温暖、潮湿处生长较好。

【利用部位与用途】中华猕猴桃茎皮及髓中含有丰富的胶液，可作制造蜡纸调浆用胶料的代用品。猕猴桃胶呈淡黄色至深褐色的固体块状，易溶于水，水溶液有很强的黏性。

【采收与加工】多于秋季采其藤，切成长 10—20cm 的小段，置于水中浸泡数天，直到浸液发黏即可，最好用新鲜材料浸泡，随采随泡，泡出的胶液经过过滤即可打入纸浆中。

【资源开发与保护】中华猕猴桃果实的维生素含量较高，约为柑橘 5—10 倍，果甜而酸香，味美，可生食，为一种鲜美的水果。茎纤维的质量较好，可制高级文化用纸。花可提制香精，也是很好的蜜源植物。

Cayratia japonica (Thunb.) Gagnep.

五爪龙，虎葛

葡萄科 Vitaceae 乌蔹莓属植物

乌蔹莓

【形态特征】草质藤本。茎具卷须，卷须2—3叉分枝，相隔2节间断与叶对生，幼枝有柔毛，后变无毛。鸟足状复叶；小叶5，椭圆形至狭卵形，长2.5—7cm，边缘有疏锯齿，两面中脉具毛，中间小叶较大，侧生小叶较小。聚伞花序腋生或假腋生，具长柄；花小，黄绿色，具短柄，外生粉状微毛或近无毛；花瓣4，顶端无小角或有极轻微小角；雄蕊4与花瓣对生。浆果卵形，长约7mm。成熟时黑色。花期3—8月，果期8—11月。

【分布与生境】秦岭南北坡均有分布，生于低山路旁、沟边及灌丛中。

【利用部位与用途】乌蔹莓根部含胶质，可用作造纸胶料。

【采收与加工】花后结合纤维原料，挖取根部。将根碾碎后，用水浸出胶质。

【资源开发与保护】乌蔹莓全草入药，有凉血解毒、利尿消肿之功效。茎纤维有韧性，全藤可搓制绳索。

E

F

G

H

J

K

L

Z

G

H

I

J

K

L

Q

R